수학이
보이는

가우디
건축 여행

예술 너머 수학 01

수학이 보이는 가우디 건축 여행

문대선 지음

궁리
KungRee

저자의 말

스페인 바르셀로나라는 도시에 처음 갔을 때가 생각납니다. 10년쯤 전이었고, 그때 저는 그곳에 무엇이 있는지 알지 못했습니다. 추로스와 파에야, 하몽 같은 먹거리만 생각하고 떠난 무지한 먹방 여행자였죠.

여행자 지도를 펼쳐 들고 어디를 갈까 고민하다 알게 되었습니다. 바르셀로나에서 가장 인기 있는 관광지가 가우디의 건축물이란 걸요. 비싼 입장료를 내고 들어갔던 기억이 납니다. 그리고 무척 놀랐던 기억도 납니다. 밀라 주택의 다락방에도 성가족 성당의 전시실에도 온통 수학적인 모형들로 가득 차 있었으니까요.

'도대체 뭐지? 이런 사람이, 이런 건축물이 바르셀로나에 있었단 말이야?'

미리 알아보지 않고 온 나 자신을 원망하고 후회했지만 어쩔 수 없었습니다. 대신 마음에 꾹꾹 담아두고 왔습니다. 그렇게 돌아온 후 다양한 책을 통해 가우디를 다시 만났습니다. 그러자 점점 더 궁금해지기 시작했습니다.

'가우디의 건축에 수학 요소가 많다고 하는데, 왜 아무도 얘기를 안 하는 거지?'

아마 그때부터였던 것 같습니다. '그 얘기를 내가 해보면 어떨까?'

하고 생각한 게 말입니다.

그때의 생각이 이렇게 한 권의 책으로 나오기까지 오랜 시간이 걸렸습니다. '세상에 없던 여행'이란 콘셉트에 맞게 인류 역사의 유명한 여행가 '마르코 폴로'를 주인공으로 섭외해야 했고, 인터넷 지도의 거리뷰를 켜고 공부를 해가며 구석구석 돌아다녀야 했으니까요.

이 책을 쓰면서 깨달은 것이 하나 있습니다. '직접 가면 더없이 좋겠지만 그렇지 않아도 괜찮겠구나' 하는 깨달음 말입니다. 인터넷 지도를 통해 거리를 걷고, 주변을 둘러보고, 건물 내부까지 구경하다 보면 정말 여행지에 와 있는 듯한 생생함을 느낄 수 있으니까요.

세상이 정말 많이 변한 것 같습니다. 달라진 세상만큼이나 색다른 여행을 하고 싶다면 이 책을 들고 바르셀로나 거리를 걸어보시길 추천드립니다. 그러면 가우디가 함께 따라다니며 이야기해주는 기분이 들지도 모르거든요.

Enjoy your journey with Antoni Gaudí.

2021년 가을 양주골에서

문태선 드림.

여행 일정표
Itinerary

| 여행 3일차 | 3차원 세상의 괴짜 건축가

성 테레사 수녀원 학교 Colegio de las Teresianas

| 여행 4일차 | 자연에는 직선이 없다

구엘 공원 Parc Güell

| 여행 5일차 | 장인정신이 예술을 부를 때
바트요 주택 Casa Batlló, 밀라 주택 Casa Milà

| 여행 6일차 | 본질을 알고자 한 호기심
콜로니아 구엘 성당 Cripta de la Colonia Güell

Gaudí on Map

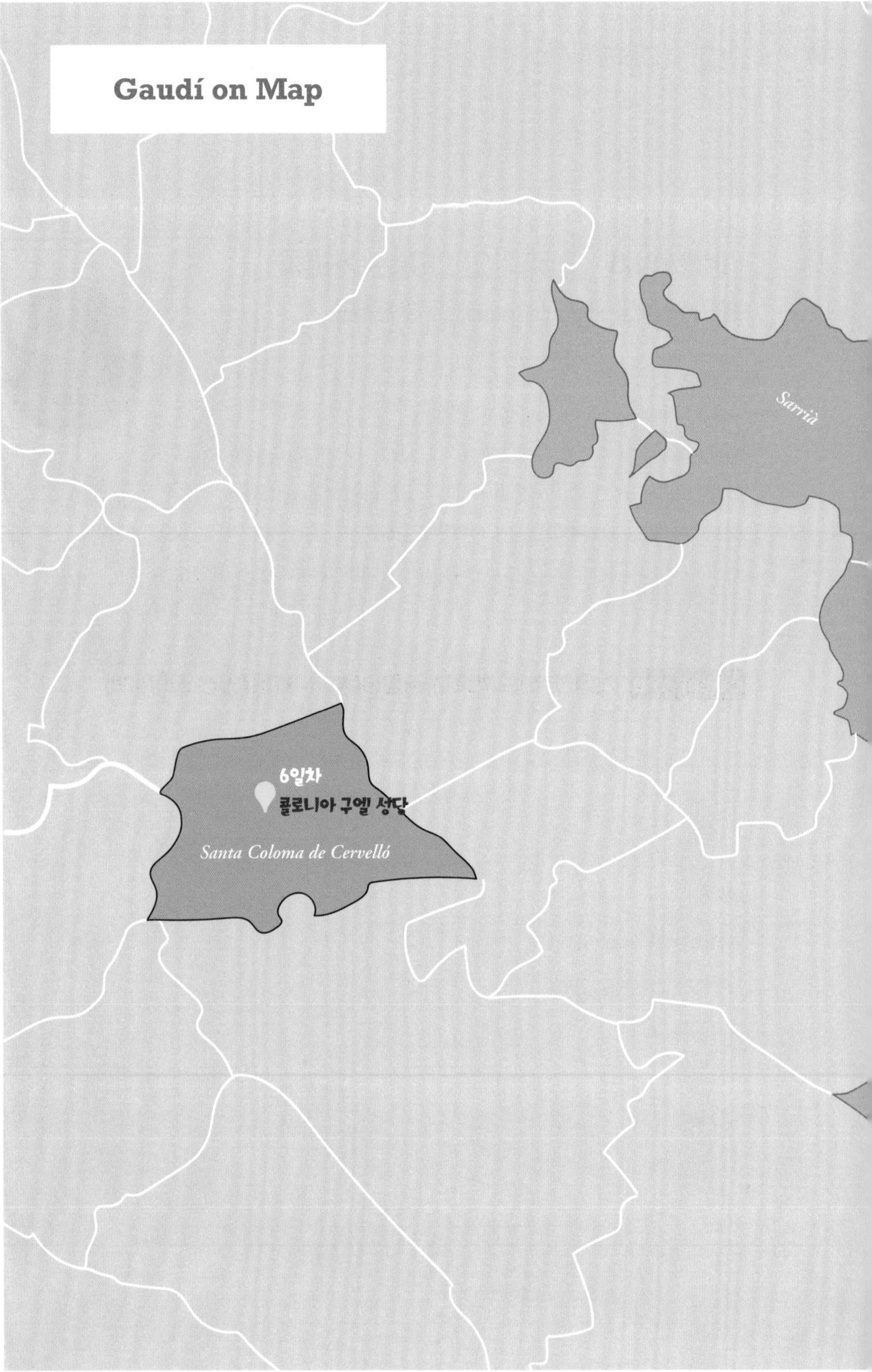

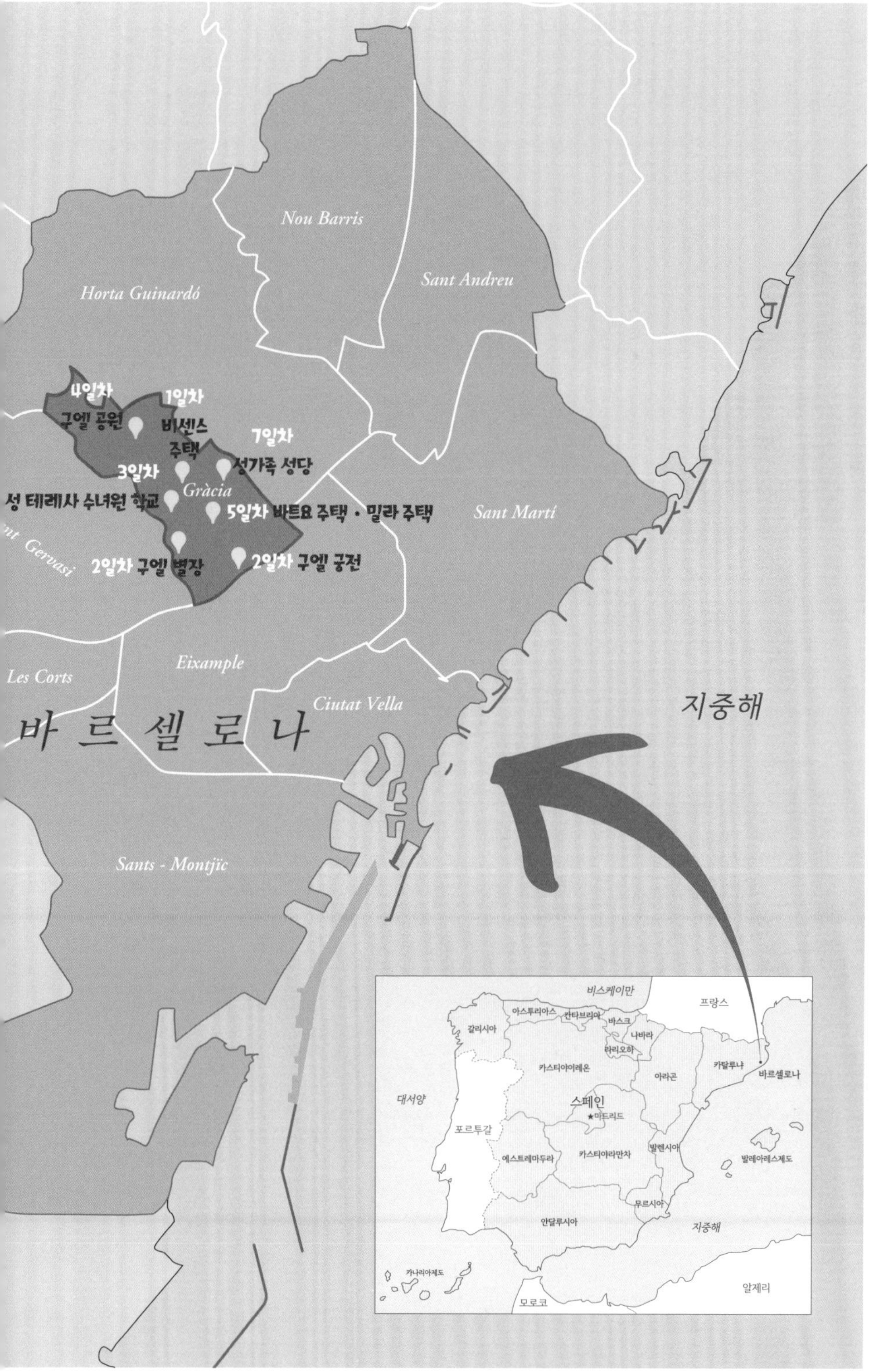
Nou Barris
Horta Guinardó
Sant Andreu
4일차
구엘 공원
1일차
비센스 주택
7일차
성가족 성당
3일차
성 테레사 수녀원 학교
Gràcia
5일차 바트요 주택 · 밀라 주택
Sant Martí
2일차 구엘 별장
2일차 구엘 궁전
Eixample
Les Corts
Ciutat Vella
바르셀로나
지중해
Sants - Montjïc
비스케이만
프랑스
아스투리아스
칸타브리아
바스크
갈리시아
나바라
라리오하
카스티야이레온
아라곤
카탈루냐
바르셀로나
대서양
스페인
마드리드
포르투갈
에스트레마두라
카스티야라만차
발렌시아
발레아레스제도
무르시아
안달루시아
지중해
카나리아제도
알제리
모로코

서울/인천 공항(ICN) → 스페인/바르셀로나 공항(BCN)

기내 방송

우리 비행기는 잠시 후 바르셀로나 공항에 도착할 예정입니다. 승객 여러분께서는 비행기가 안전하게 착륙할 때까지 좌석 벨트를 착용해주시기 바랍니다. 오늘도 저희 항공을 이용해주셔서 감사드리며, 즐겁고 안전한 여행 되시길 바랍니다.

자다 깨다를 반복하던 마르코는 안내 방송이 나오자 의자를 곧추세운다. 곧 있으면 도착한다는 생각에 심장은 요동치고 손바닥에서는 식은땀이 나기 시작한다.

'가우디 선생님은 어떤 모습일까?'

한편 공항 출국장에서는 검은 모자를 쓴 노년의 신사가 팻말을 들고 마르코를 기다린다. 신사 역시 호기심 넘치는 청년을 만난다는 생각에 설레기는 마찬가지다.

M (기지개를 켜며) 에구구구~ 드디어 스페인 제2의 도시 바르셀로나에 도착했구나! 13시간의 비행은 정말 쉽지 않은걸. 그래도 가우디 선생님과 함께 바르셀로나를 여행하는 기회가 아무한테나 오는 게 아니잖아? 비행의 피로쯤이야 아무것도 아니지.
가우디 선생님은 어디 계신 거지?

G ('마르코'라고 쓴 팻말을 들고) 도착할 때가 되었는데…

M 어! 혹시 가우디 선생님?

G 네가 마르코구나. 반갑구나. 먼 곳까지 오느라 고생했는데 힘들진 않았니?

M 선생님 만날 생각을 하면서 기쁘게 왔습니다.

G 허허허~ 듣던 대로 아주 에너지가 넘치는 청년이구나.

M 그런데 선생님. 지금 여기는 몇 시예요?

G 지금이 몇 시냐구?

M (시계를 만지작거리며) 제가 한국에서 오후 1시에 출발했거든요. 쉬지 않고 꼬박 13시간을 날아왔는데 오는 내내 낮이더라구요. 지금쯤 깜깜한 밤이어야 할 거 같은데, 여전히 이렇게 밝다니…

G 도착하기 전에 시간을 조정하라는 기내 방송을 못 들었나 보구나. 가만 보자, 지금 시각이 오후 6시가 조금 넘었구나.

M 네? 오후 6시라구요? 그럼 제가 한국에서 출발한 시각에서 겨우 5시간밖에 안 지난 거네요.

G 시간상으로는 그렇지. 바르셀로나가 한국보다 8시간 느린 곳에 있으니까 그냥 5시간을 날아왔다고 생각하는 게 편하겠구나. $(+13)-8=+5$. 이렇게 말이다.

M 역시!! 학창시절부터 수학을 잘하셨다고 들었는데, 계산도 빠르시네요. 기분은 시간을 번 것 같아서 좋은데, 제 몸은 아닌가 봐요. 눈이 막 감기는걸요.

G 그럴 수밖에. 너의 몸은 여전히 한국의 시간을 기억하고 있거든. 지금 너의 신체 시간은 새벽 2시니까 한창 꿈을 꾸며 자고 있어

야 맞는 거겠지?

M 그렇군요. 분명 같은 시간을 살고 있는데, 누구는 자고 있고 또 누군가는 지구 반대편에서 오후의 일상을 살고 있다는 게 참 신기하네요.

G 오늘은 피곤할 테니 집에 가서 푹 쉬자꾸나.
여행은 내일부터 시작해보자.

M 좋아요.

· 여행 1일차 ·

어린 가우디의 꿈

비센스 주택

Casa Vicens

ADVENTURE

GATE 11

SEAT 28A

FLIGHT 56C

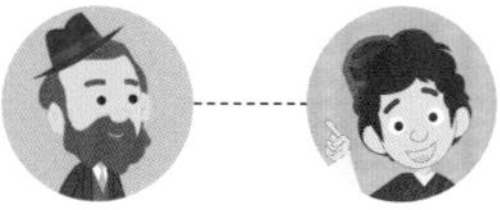

새벽부터 좁은 골목길을 오가는 사람들의 빠른 발소리가 가까워졌다 멀어졌다 한다. 누군가와 통화를 하는지 한껏 높인 목소리도 창문 밖을 시끌벅적하게 한다. 미로처럼 굽이굽이 이어진 골목길을 어디가 어딘지도 모른 채 정신없이 따라온 어젯밤을 떠올리며 마르코는 침대에 누워 싱긋 미소를 짓는다.

낯선 풍경, 이국적인 분위기의 사람들, 알아들을 수 없는 언어들, 멀리서 불어오는 싱그런 바다 내음, 달콤한 추로스 냄새, 그리고…

앗! 가우디 선생님.

꿈속을 헤매듯 몽롱함에 취해 있던 마르코가 갑자기 침대를 박차고 벌떡 일어난다.

바르셀로나의 아침 분위기

M 선생님, 안녕히 주무셨어요?

G 일찍 일어났구나. 잠은 잘 잤니? 저녁 먹자마자 바로 곯아떨어지더구나.

M 네. 정말 꿈도 안 꾸고 잘 잤는 걸요.

하루 만에 시차를 극복한 것 같아요.

G 그래? 잘됐구나.

오늘 계획한 우리의 첫 번째 여행지는 나의 데뷔작이라 할 수 있는 비센스 주택이란다. 여기서 4킬로미터가량 떨어져 있는데, 괜찮으면 걸어가 보겠니?

M 저는 좋아요. 한국에서도 건강을 위해 매일 1시간 정도는 걸으려고 노력하거든요. 가는 길에 선생님 이야기를 듣고 싶어요.

G 내 이야기? 허허~ 뭐가 궁금할까?

M 너무 많아서 뭐부터 여쭤봐야 할지 모르겠는데요?

G 그래? 사실 나는 말을 그리 즐겨 하는 사람이 아니란다.

한데 나를 찾아온 손님이 궁금해하니 친절하게 대답해줘야겠지? 뭐든 물어보려무나.

M 신난다~ 그럼 어서 아침 먹고 출발해요.

마르코와 가우디 선생님이 길을 나선다.

유학 시절 가우디 선생님이 살았던 리베라(Rivera) 지구를 출발해 그라시아(Gràcia) 거리를 지나 비센스 주택까지 가는 동안 마르코는 가우디 선생님께 물어볼 것들이 너무도 많다.

자연이라는 친구

M 어제는 어둡기도 하고 지리 감각도 없어서 어디가 어딘지 모르

겠던데, 선생님 댁은 어디쯤 위치해 있는 거예요?

G 지금 사는 곳은 바르셀로나에서도 가난한 사람들이 모여 살았던 리베라 지구란다. 17살에 유학을 오면서부터 이곳에 살았지.

M 아… 바르셀로나로 유학을 오신 거군요.

G 원래 내가 태어난 곳은 여기가 아니거든.
내 고향은 바르셀로나에서 남쪽으로 100킬로미터 정도 떨어진 레우스(Reus)란다. 카탈루냐 지역의 작은 시골 마을이지.

M 맞다! 선생님의 아버지와 할아버지는 시골에서 대장장이 일을 하셨다고 들었어요.

G 그랬지. 어린 시절에 나는 아버지의 대장간에서 노는 것을 좋아했어. 뜨거운 풀무 불과 동판 두드리는 망치질 소리가 지금도 생생하게 기억나는걸.

M 아버지와 할아버지가 모두 대장장이셨으면 가업을 이으셨을 법도 한데… 선생님은 왜 유학을 오신 거예요?

G 아버지는 자식들이 변화하는 세상에 걸맞은 일을 하기를 바라셨단다. 좀 더 넓은 세상에서 말이야.
당시 유럽에는 산업혁명의 바람이 불어닥쳐서 도시들이 급성장하고 있었거든. 바르셀로나도 예외가 아니었지.

M 선생님이 1852년에 태어나셨고 17살에 유학을 오셨으니까…
(손가락으로 계산을 하면서) 그럼 그게 1869년도 즈음의 이야기네요?

G 그렇지. 그 당시 아버지는 도시의 모습이 하루가 다르게 변하는 것을 보면서 조만간 전통 수공업이 몰락할 수도 있겠다고 생각하

신 모양이더구나. 가난한 형편에도 나와 형을 바르셀로나로 유학 보내신 걸 보면 말이다.

대학 시절에는 경제적으로 넉넉하지가 않아서 계속 아르바이트를 해야 했지. 생활비를 벌어야 했거든.

M 유학 생활이 만만치 않으셨군요.

(고풍스런 건물들을 보며) 그나저나 저쪽 동네는 엄청 부자들이 사나 봐요. 뭔가 질서정연하고 고풍스러우면서도 화려한 느낌이 드는데요?

G 리베라 지구 반대편에 위치한 고딕(Gothic) 지구란다. 네 말처럼 부자들이 사는 동네지.

유학 시절에 나는 집에서부터 바르셀로나 건축학교까지 6킬로미터가 넘는 거리를 매일 걸어 다녔어.

M 왕복 12킬로미터를 매일 걸어 다니셨다구요?

G 차비가 없으니 어쩔 수 없었지.

대학까지 가려면 리베라 지구의 가난한 골목길에서 출발해 중세 건물들이 즐비한 고딕 지구를 지나 신흥 부자들이 사는 동네를 거쳐 가야 했거든. 하루에도 몇 번씩 부자와 가난한 사람들의 모습을 보게 되니 참 많은 생각이 들더구나.

M 어떤 생각이 드셨는데요?

G '나는 이 도시에서 어떤 건축가가 되어야겠는가' 하는 생각 말이다.

M 그래서 답을 찾으셨나요?

G 글쎄다… 처음에는 그저 돈을 벌고 싶었지. 그래서 들어오는 건축 요청들을 마다하지 않았어.

고딕 지구

M 요청을 다 수락하셨으면 여러 가지 일을 하셨겠는데요?

G 다양한 일을 해봤지. 공원 조성이나 가로등 설계 같은 공공 건축에도 참여해보고, 개인 주택도 짓고, 종교적인 건축물도 짓고 그랬으니까.

M 힘드셨겠어요.

G 어려운 일이 많았지. 그러면서 점점 건축에 대한 생각도 변하고 말이다.

M 어떻게 변해가셨는데요?

G 그건 차차 알게 될 거다. 나를 따라 여행을 하다 보면 자연스럽게 보일 거란다.

M 아… 까먹지 말고 생각하며 봐야겠네요. 건축에 대한 선생님의 생각이 어떻게 변해갔는지 말이에요.

G 허허허~ 그러려무나.

M 그런데 선생님. 선생님의 어린 시절 이야기를 더 들을 수 있을까요?

G 내 어린 시절 이야기는 왜?

M 제가 예전에 위인전을 한참 즐겨 읽은 적이 있거든요. 보니까 위인들은 성장기에 남들과는 다른 뭔가 특별한 경험을 하더라구요.

G 위인? 허허허~ 나를 위인이라 부를 수 있는지는 잘 모르겠구나.

M 선생님 정도의 업적이면 당연히 위인이죠. 왠지 선생님은 그런 경험이 있으실 거 같은데요?

G 그렇다면 무슨 얘기든 해줘야 할 거 같은데… 이것 참, 어떤 얘기를 들려줘야 하나.

(잠시 생각에 잠기다가) 아팠던 기억이 제일 많이 나는구나.

M 많이 아프셨어요?

G 나는 태어날 때부터 관절염과 폐병이 있었거든.

M 태어날 때부터요?

G 그렇단다. 당시에는 그게 치료가 어려운 병이라서 다들 내가 죽을 거라고 생각했다는구나.

M 아…

G 다행히 죽지 않고 이렇게 살아 있지 않니? 그런데 병치레 때문에 학교를 또래들보다 2년이나 늦게 들어갔지 뭐냐.

M 2년이나요?

G 그것도 허구한 날 늙은 당나귀의 등에 업혀서 갔단다.

M 당나귀 타고 등교하면 재미있었겠는데요? 헤헤.

G 허허허~ 녀석.

친구들과 같이 다닐 수 있는 게 훨씬 좋은 거란다.

M 그렇긴 하죠.

G 건강을 어느 정도 회복한 뒤에도 관절염은 계속해서 나를 괴롭혔단다. 움직이면 괜찮다가 가만히 있으면 또 통증이 시작되는 병이라서 말이다.

M 관절염이란 게 그런 거군요.

G 그래서 나는 그 통증을 잊기 위해 끊임없이 움직이며 건축일을 해야 했지.

M 열심히 일하신 이유가 통증을 잊기 위해서였다니… 그런 속사정을 알고 선생님 건축을 보면 마음이 아플 거 같아요.

G 너무 측은하게 생각할 필요는 없단다. 건축하는 그 순간만큼은 즐거웠으니까.

M 다행이에요. 그래도 어린 시절에는 많이 외로우셨을 거 같아요. 친구들과 한창 뛰어놀아야 할 나이에 아파서 학교를 못 가신 거잖아요.

G 많이 외로웠지. 어딜 멀리 갈 수가 없어서 집 안에만 있었으니까.

M 집 안에만요?

G 가끔 집 근처 풀밭이나 숲을 산책하기는 했지. 그러면서 꽃, 나무, 풀벌레, 바위, 산 같은 자연과 친구가 되었고 말이다.

M 자연이 친구라니… 저는 상상이 잘 안 되는데요?

G 그러냐? 자연과 친구가 되어보는 것도 나름 재밌는 경험이란다. 꽃이나 나무가 어떻게 생겼는지, 어떤 구조로 되어 있는지를 자

가우디에게 영감을 주었던 몬세라트 산

세히 관찰하다 보면 놀라운 것들이 보이기도 하거든.

M 어떤 게 그렇게 놀라우셨나요? 제가 보기에 꽃이나 나무들은 다 거기서 거기던데…

G 앞으로 보게 될 내 건축물들을 보면 알게 될 게다. 내가 자연으로부터 얻은 영감과 이미지들은 모두 내 건축물 속에 녹아 있으니 말이다.

M 그러니까 결국 어릴 때 아팠던 경험이 선생님을 자연과 친구가 되게 해준 거군요.

G 내 건축에서 빼놓을 수 없는 소재와 영감이 되기도 했고 말이다.

M 그럼 오늘 볼 비센스 주택에서도 그런 게 있겠네요?

G 그렇단다. 거의 다 온 것 같은데 네가 한번 알아맞혀 보겠니? 어떤 건물이 비센스 주택인지.

M 그냥 보기만 해도 느낌이 팍~ 오나 봐요?

G 아마 그럴 거다.

M 알겠어요. 제가 찾아볼게요.

마르코는 양 옆에 서 있는 건물들을 유심히 관찰하며 지나간다. 좁은 골목길 사이에 줄지어 늘어선 건물들은 거의가 비슷비슷하고 단조로워 보인다.

얼마나 걸었을까? 저 멀리 알록달록해 보이는 타일과 이슬람풍 전망대가 보이기 시작한다.

타일 속에 들어간 금잔화

M 어! 선생님. 저기 녹색과 흰색이 체스 무늬처럼 칠해진 건물이 비센스 주택 아니에요?

G 바로 맞혔구나.

M 가까이 와서 보니 말씀하신 대로 입구부터 창살, 건물의 벽까지 건물 전체가 풀과 꽃으로 뒤덮여 있는 것 같네요.

G 그런 거 같지?

M 네. 그런데 정문 입구를 장식하는 철로 만든 저 이파리는 뭐예요?

비센스 주택

G 종려나무 잎사귀를 본뜬 거란다. 예수님이 예루살렘으로 입성하실 때 백성들이 흔들었다는 바로 그 잎사귀지.

M 아… 그런데 왜 그 잎을 정문 장식으로 만드신 거예요?

G 종려나무는 존경과 기쁨, 승리와 번영을 상징한단다. 이 집에 들어오는 사람들을 환영한다는 의미로도 해석할 수 있겠구나.

M 그럼 혹시 담장과 벽을 장식하는 꽃 타일에도 어떤 의미가 담겨 있나요?

G 저건 금잔화를 그린 거란다. 원래 이 부지에 자라고 있던 꽃이었지.

M 이 건물이 세워지기 전에 말이죠?

G 그렇단다. 비센스 씨의 부탁을 받고 이 부지에 처음 왔던 때의 기억이 아직도 생생하구나.

그때 이곳은 온통 샛노란 금잔화로 뒤덮여 있었어.

M 엄청 예뻤겠네요.

종려나무와 금잔화를 본뜬 비센스 주택 장식

G 그랬지. 금잔화 사이에는 커다란 야자수와 키 작은 종려나무들도 함께 자라고 있었고 말이다.

M 아~ 그래서 정문에 종려나무 장식들이 있었던 거군요. 금잔화들이 저렇게 타일 속으로 들어간 것처럼요.

G 난 말이다. 건축을 하기 전에 부지를 방문하면 그곳에 가만히 앉아 있곤 한단다.

M 왜요?

G 그렇게 한참 앉아 있다 보면 어떤 영감이 떠오르거든.

M 빈터에 가만히 앉아 있으면 영감이 떠오른다구요?
참 신기하네요. 어떻게 그럴 수가 있죠?

G 글쎄다. 아마 어릴 때 자연과 가까이 지내서 그런가 보다.

M 여기서는 어떤 영감을 받으셨는데요?

G 그때 나는 여기 앉아서 이 터에 뿌리를 내리고 있는 생명들을 건물에 그대로 투영시켜야겠다고 생각했지.

M 그래서 그런가요? 꼭 건물이 살아 있는 것처럼 느껴져요. 대지에 피었던 금잔화들이 건물 벽에서 다시 피어난 것 같기도 하구요.

G 그래? 그렇다면 성공이구나. 생명력 넘치는 건물을 지으려는 게 내 의도였으니 말이야.

M 주변 건물들을 보면 다들 비슷비슷한데 선생님이 지은 이 비센트 주택만 유독 눈에 띄어요. 어떻게 이런 느낌의 건물을 만들 생각을 하셨어요?

G 글쎄다. 아무래도 자연과 건물과 의뢰한 사람에 대해 깊이 생각하면서 만들다 보니 그렇게 된 것 같구나.

비센스 주택

M 그렇군요. 그럼 아까 말씀하신 식물 중에 야자수는 어디에 숨어 있는 거예요?

G 야자수를 보려면 상상력을 좀 발휘해야 할 텐데.
(손가락으로 가리키며) 저기 건물의 네 모서리와 벽의 중간에 살짝 튀어나온 기둥들이 보이니?

M 네, 보여요.
초록과 흰색의 단색 타일들이 격자 모양으로 뻗어 올라가고 있는 부분을 말씀하시는 거죠?

G 바로 그 뻗어 올라가는 부분을 야자수의 줄기라고 상상할 수 있지 않겠니?

M 듣고 보니 그런 것도 같네요. 하하.
선생님 건축물을 보려면 상상력도 필요하군요.

G 그렇지.

M 그런데 비센스 주택이 주변 건물들과 느낌이 다른 건, 단순히 알록달록한 색깔 때문만은 아닌 거 같아요. 이유가 뭘까요?

무데하르 건축 양식

G 주변 건물과 다른 점이라…

그렇다면 스페인에만 있는 독특한 건축 양식에 대해 알아야겠구나.

M 스페인에만 있는 건축 양식이 있어요?

G 그렇단다. '무데하르(Mudejar)'라고 불리는 양식이지.

이슬람 양식과 기독교 양식이 혼합된 건축 양식을 말한단다.

M 이슬람과 기독교의 양식이 어떻게 혼합될 수가 있어요?

G (주저하며) 그걸 알려면 스페인의 역사를 또 알아야 하는데 말이지. 간단히 말하자면 이렇단다. 역사적으로 스페인에는 5세기경에 가톨릭 왕국이 세워졌거든. 그런데 8세기 즈음 이슬람 세력의 침략을 받아서 영토를 빼앗기게 된단다. 그로부터 약 700년간 스페인은 이슬람 세력의 지배를 받게 되지.

M 700년씩이나요?

G 그렇단다. 그런데 북쪽으로 밀려난 가톨릭 세력이 가만히 있을 리 없겠지?

M 당연하죠.

G 가톨릭 왕국은 빼앗긴 땅을 되찾기 위해 아주 긴 세월 동안 레콩

키스타(Reconquista)라고 하는 국토회복운동을 벌인단다. 그리고 마침내 이슬람으로부터 영토를 되찾게 되지.

M 크~ 결국은 자신들의 땅을 되찾았군요.

G 그러면서 이슬람과 기독교의 두 문화가 어우러진 스페인만의 독특한 건축 양식이 탄생하게 된 거야.

M 역사 속에 답이 있었군요.

G 너 혹시 그라나다(Granada)라는 도시에 있는 알람브라(Alhambra) 궁전을 알고 있니?

M 가보진 못했고 사진으로만 봤어요. 엄청나게 화려했던 걸로 기억해요.

G 어떤 게 그렇게 화려했니?

M 음… 벽과 기둥에 기하학 패턴 같은 것들이 빼곡하게 새겨져 있었어요. 건물 내부도 대칭을 이루도록 만들어졌던 것 같구요.

G 잘 기억하고 있구나.

스페인 그라나다 알람브라 궁전

바로 그 알람브라 궁전이 스페인에 남아 있는 대표적인 이슬람 건축물이라고 할 수 있단다.

M 아하!

G 물론 기독교 세력이 스페인을 되찾은 후에 건물 일부를 부수고 기독교 건물을 새로 짓기는 했지만 말이다.

M 그럼 어떤 게 이슬람 건축 양식인지 궁금할 때는 알람브라 궁전을 떠올리면 되겠네요.

G 그게 좋을 것 같구나.

M 화려한 패턴 장식, 대칭을 이용한 건축 같은 것들이 이슬람의 건축 양식이란 말씀이시죠?

G 그렇지. 그런 걸 알고 무데하르 양식의 건축물을 보면 기독교나 이슬람 양식이 어디에 적용되었는지를 어느 정도 구분해서 볼 수 있을 거다.

M 어! 그러고 보니 저기 철문의 창살에 팔각형 별처럼 생긴 문양이 보이네요.

G 맞다. 네가 본 저 팔각형 별처럼 추상적인 문양이나 일정하게 반복되는 패턴, 기하학적 형상 같은 것들이 바로 이슬람의 양식에서 온 것들이지.

M 선생님 옆에 있다 보니 건축을 보는 눈이 생기는 거 같아요.

G 허허~ 내가 가르쳐주지 않아도 알아서 척척 찾아내겠는데?

M 그렇담 제가 건물 안에서도 이슬람 양식을 한번 찾아볼까요?

G 그래 보겠니?

이 건물에서 내가 가장 공들여 지은 부분을 찾으면 될 거다.

M 선생님이 가장 공들여 지은 부분이라…

(한참을 돌아다니다가) 혹시 여기 아니에요?

G 어이쿠~ 별로 어렵지 않게 찾았구나.

M 아까 말씀하신 패턴을 생각하면서 보니 왠지 여기 같더라구요.

이곳은 어떤 방이에요?

G 흡연실이란다.

M 비센스 씨를 위해 만든 방인가 보네요.

천장이 너무 멋진데요?

G 그렇지?

M 석회암 동굴에서처럼 종유석이 매달려 있는 것 같기도 같고, 별들이 반짝거리는 것 같기도 해요.

G 저런 걸 무카르나스(Muqarnas) 기법이라고 한단다.

무카르나스 기법 역시 알람브라 궁전에서 찾아볼 수 있지.

M 다른 곳도 멋지네요.

꽃과 새와 식물들이 실내로 들어와 있는 것 같아요.

방마다 다른 색깔의 타일을 사용한 것도 독특한데요?

G 건물 외부와 내부에 다양한 종류의 타일을 사용한 데는 이유가 있단다.

M 어떤 이유요?

G 비센스 씨가 타일 공장을 운영하는 분이었거든.

M 아~ 그래서 그렇게 다양하고 화려한 타일 제작이 가능했군요.

G 아마 비센스 씨도 멋지게 지어질 자신의 집을 상상하면서 이 타일들을 만들었겠지?

비센스 주택 흡연실 천장

무카르나스 기법으로 만든 알람브라 궁전의 천장

M 결국 서로 윈윈하는 전략이었네요.
선생님은 양질의 타일을 싸게 공급받아 멋진 집을 짓고, 비센스 씨는 자기 공장에서 만든 타일을 공급하면서 집을 통해 회사 홍보도 하고요!

G 허허~ 그런가?

M 왠지 그랬을 거 같다구요. 히히~

G 그럼 충분히 구경했으니 이제 슬슬 집으로 돌아가볼까?

선생님은 하루 종일 서 계셔서 힘들 텐데도 집까지 또 걸어가자고 하신다. '유학 시절에 매일 12킬로미터를 걸어 다녔다고 하시더니 걷는 게 익숙하신가?' 혼자 생각하던 마르코는 안 그래도 여쭤볼 것이 많았는데 잘됐다고 생각하며 선생님을 따라나선다.

10대 건축가들의 위대한 프로젝트

M 선생님. 아까 궁금했는데 못 여쭤본 게 있어요.

G 그래? 물어보렴.

M 아침에 걸어오시면서 선생님에게는 자연이 유일한 친구라고 하셨잖아요.

G 그랬었지.

M 그런데 정말 친구가 없으셨어요?

G 음… '유일한'이란 말을 취소하마. 나에게도 친구들이 있긴 했거든.

M 그럴 줄 알았어요. 누구였는데요?

G 중학교 시절에 만난 토다와 리베라라는 친구였지.
토다는 나보다 3살이 어렸지만 우리는 참 허물없이 지냈단다.
그 녀석들도 나처럼 모험심이 강하고 엉뚱한 면이 있었지.

M 엉뚱… 했었다구요?

G 그래. 우리는 늘 삼총사처럼 붙어 다녔어.
폐허처럼 부서진 유적지를 탐험하면서 말이다.

M 폐허를 탐험해요?

G 내 고향인 레우스 근처에는 포블레트 수도원(Poblet Abbey)이라는 곳이 있었거든. 거기가 우리 삼총사의 놀이터였단다.

M 세 분 모두 좀 독특하셨네요.

G 지금은 그곳이 유네스코 세계유산으로 보전되고 있다더구나.
하지만 우리가 탐험하던 그때만 해도 도굴과 약탈, 훼손이 심각해서 놀무더기가 쌓여 있는 황무지처럼 보였지.

M 그런 곳을 왜 가신 거예요?

G 우리 삼총사는 나름의 목표가 있었단다.
화려했던 우리 도시의 과거를 부활시키겠다는 목표 말이다.

M 크크크~ 너무 거창한 포부 아니에요?

G 그런 소리 말거라.
우리는 역할까지 나눠가며 구체적인 복원 계획을 하나씩 진행해 나갔어.

M 좀 엉뚱해 보이지만 한편 대단하기도 하네요.
철없이 뛰어놀아야 할 나이에 그런 엄청난 계획을 세웠던 거잖

포블레트 수도원

아요. 그래서 어떻게 되었어요?

삼총사가 계획한 대로 정말 포블레트 수도원이 복원되었나요?

G 허허허~ 그럴 리가.

10대의 아이들이 해내기에는 너무 크고 비현실적인 계획이잖니.

M 하긴 그렇죠.

G 지금 생각하면 풍차와 싸우자고 덤벼들던 돈키호테 같지만, 그 때 우리는 꽤나 진지하고 용감무쌍했단다.

우리는 정말 영웅이 된 것 같았거든.

M 세상을 바꿀 것처럼 말이죠?

G 그렇지. 그런데 무모해 보이는 그때의 도전이 전혀 헛된 것만은

아니더구나.

M 왜요?

G 나는 이렇게 건축가로 성장해서 멋지고 실용적인 건축물을 짓고 있지 않니.

M 정말 그러네요. 그럼 다른 친구들은요?

G 토다는 오랜 세월 외교관으로 일하다가 퇴직한 후에 포블레트 복원 재단을 실제로 설립했다고 하더구나.

M 우와~ 선생님과 토다라는 친구분은 어릴 적 꿈을 진짜로 이룬 거네요.

G 그러게 말이다.

장난처럼 보였던 어린 시절의 꿈과 무모해 보이는 도전이 지금과 같은 미래를 만든다는 게 너무 멋지고 신기하지 않니?

M 듣는 제 가슴이 다 뛰어요.

사실 저도 하고는 싶은데 주변 눈치를 보느라 못하고 있는 게 있거든요. 그런데 선생님 얘기를 듣고 보니 좀 더 용기를 내야 할 거 같아요. 어릴 때 했던 경험이나 그때 가졌던 꿈이 결국 저의 미래를 만드는 거잖아요.

G 그럼. 미래라는 건 하루아침에 만들어지는 게 아니잖니.

어려서부터 하게 되는 다양한 경험이나 깊이 생각하는 습관 같은 것들이 결국에는 인생이라는 나무를 지혜롭고 아름답게 꽃 피우게 하는 거란다.

M 맞아요. 어떻게 보면 선생님도 그때의 경험 때문에 건축가가 되신 건지도 모르잖아요.

G 그럴 수도 있겠구나.

포블레트 수도원을 복원하겠다며 무너진 건물을 관찰하고 상상했던 그 시절의 경험은 내가 독학으로 건축을 공부하며 참여했던 첫 번째 프로젝트라고 할 수 있지.

M 말하자면 소년 건축가였던 거네요. 선생님의 어린 시절 이야기를 듣다 보니 시간 가는 줄 모르겠어요.

G 나도 너 덕분에 잊고 있었던 추억의 한 자락을 소환하게 되었구나. 마음이 훈훈해지는걸.

집으로 돌아온 마르코는 가우디 선생님과 했던 대화를 다시금 떠올려본다. 어린 시절의 병약했던 모습, 자연이 유일한 친구였던 외로움의 시간들, 그러나 그 시간 동안 자연이 선물해준 수많은 영감과 이미지들. 결국 그 모든 것들이 비센스 주택처럼 자연을 머금은 건물을 탄생시킨 게 아닐까 하는 생각이 들었다.

여행의 첫날. 가우디 선생님과 천천히 걷고 대화하다 보니 왠지 한결 가까워진 기분이 든다.

'내일은 또 어디에 가서 무엇을 보게 될까.'

마르코는 설레는 마음을 애써 누르며 내일을 위해 잠을 청해본다.

· 여행 2일차 ·

바르셀로나에 새로움을 짓다

구엘 별장Finca Güell
구엘 궁전Palau Güell

GATE 11

SEAT 28A

FLIGHT 56C

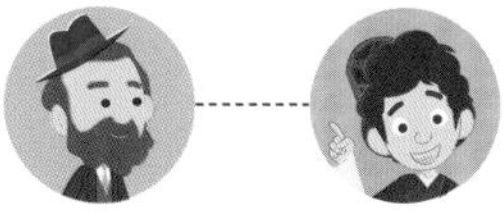

둘째 날 아침. 어제의 낯선 느낌은 어느새 사라지고 익숙한 몸짓으로 나갈 준비를 하는 마르코. 그런데 바쁜 손과는 달리 마르코의 눈동자는 저 멀리 허공을 맴돈다.

'어딜까? 오늘의 여행지는?'

어제 저녁. '내일은 어디를 가나요?'라는 마르코의 질문에 가우디 선생님은 '아주 특별한 분을 위해 지은 곳으로 갈 거란다'라며 수수께끼 같은 대답만을 하셨다.

'아~ 답답해. 그냥 속 시원히 알려주시지.'

'아주 특별한 분이라니… 도대체 누굴 말씀하시는 걸까?'

궁금한 마음에 한참을 고민하던 마르코는 가우디 선생님 얼굴이 보이자마자 거실로 튀어나와 어제 질문에 대한 답을 다시 묻는다.

M 선생님! 저 어젯밤에 누워서 선생님의 수수께끼를 풀려고 내내 뒤척였어요.
선생님께 아주 특별하다던 그분은 도대체 누구예요?

G 잠을 못 자게 하려던 건 아닌데 미안하게 됐구나.
그렇게 궁금하던?

M 그럼요. 그래도 잠은 잘 잤어요. 헤헤.

제가 어제 침대에 바르셀로나 지도를 쫙~ 펼쳐놓고 열심히 찾아봤거든요.

G 뭐를 말이냐?

M 아주 특별한 분을 위해 지었다는 선생님의 건축물 말이에요.

G 아~ 내 건축물 말이구나.

M 선생님이 바르셀로나에 지은 건축물들이 한두 개여야 말이죠.
제가 선생님 입장이었다면 건축을 의뢰한 모든 분이 다 특별했을 거 같은데, 그중에 누가 최고로 특별한 분인지 제가 어떻게 알겠어요.

G 듣고 보니 네 말도 일리가 있구나. 그럼 힌트를 하나 줄까?
내가 지은 건축물 이름을 잘 보면 거기에 가장 자주 등장하는 이름이 하나 있을 거란다.

마르코는 식탁 위에 지도를 다시 펼쳐놓는다. 그러고는 가우디 선생님의 건축물에만 유난히 크고 두껍게 동그라미를 치면서 하나하나 이름을 살펴본다.

M 아~ 알 거 같아요.
혹시 '구엘(Güell)'이 사람 이름인가요?

G 허허~ 그렇단다.

M 그럼 이분이네요.
구엘이 선생님에게 가장 특별하다는 그분 맞죠?

G 드디어 맞혔구나.

M 그런데 구엘이라는 이름이 붙은 건물이 아주 많아요.

구엘 궁전, 구엘 별장, 콜로니아 구엘 성당, 구엘 와인 저장고, 거기에 구엘 공원까지. 이 중에 어딜 가는 거예요?

설마… 여기를 오늘 다 가진 않으시겠죠?

G 허허~ 하루 만에 모두 갈 수는 없지.

오늘은 일단 구엘 별장과 구엘 궁전 두 군데만 가볼 예정이란다.

M 그중에 어딜 먼저 가는데요?

G 집에서는 구엘 궁전이 가까운데 아무래도 별장을 먼저 가보는 게 좋겠구나.

M 왜요?

G 구엘 궁전보다 구엘 별장을 먼저 지었거든.

자, 그럼 또 오늘 여행을 시작해볼까?

M 네~ 출발해요!

마르코는 가우디 선생님을 따라 길을 나선다. 웬일인지 오늘은 어제와는 다르게 대중교통을 이용하자고 하신다.

구엘과의 첫 만남

M 대중교통으로 가자고 하시는 걸 보니 어제 간 비센스 주택보다 먼가봐요.

G 거리상으로는 비슷한데, 어제 좀 걸었더니 피곤하구나.

게다가 오늘은 두 군데를 가야 하니까 체력을 아껴야 좋지 않겠니?

M 맞아요. 지치지 않고 여행하려면요!

그럼 가시면서 구엘이란 분에 대해 이야기해주세요.

G 그럴까, 그럼?

M 두 분은 어떻게 만나신 거예요?

G 내가 건축학교를 졸업하던 해에 만났으니까 1878년이겠구나.

그때 나는 26살이고 구엘은 32살이었지.

M 어! 구엘 아저씨가 6살이 더 많으셨네요?

G 그렇긴 하다만 우린 평생을 친구처럼, 동반자처럼 아주 가깝게 지냈어.

M 그러셨군요.

아! 그래서 1878년도에 어떻게 만나셨다구요?

G 그 해에 파리에서 만국박람회라는 게 열렸거든.

만국박람회는 거대한 전시장을 차려놓고 그 안에 세계 여러 나라에서 만든 공업제품이나 미술 공예품 같은 것들을 전시하는 행사란다.

M 말하자면 자기들이 만든 물건을 서로 자랑하는 자리네요?

G 그렇다고 할 수 있지.

M 거기에 선생님도 뭔가를 만들어서 전시하신 거예요?

G 나는 코메야라는 회사의 의뢰를 받아 유리로 만든 장갑 진열장을 제작해 소개했단다. 그때 구엘도 파리 박람회에 참여했었거든.

M 잠깐! 저 알 거 같아요. 거기서 구엘 아저씨가 그 진열장을 본 거

죠?

G 허허~ 그랬단다. 그걸 보고는 내가 자주 일하는 푼티 공방으로 찾아오지 않았겠니.

M 와~ 드라마 같은 만남이네요.

도대체 얼마나 멋지게 만들었길래 직접 찾아오기까지 했을까요? 그래서 어떻게 됐나요?

G 구엘이 푼티 공방에 와서 내가 만든 여러 가지 장식품들을 둘러보더구나. 그러고 나서 나를 후원해주고 싶은데 내 생각은 어떠냐고 물었지.

M 오케이 하셨죠?

G 허허허~ 당연히 받아들였지. 나로서는 더없이 좋은 기회였으니까.

M 선뜻 후원해준다는 걸 보면 구엘이란 분은 엄청난 부자였나 봐요?

G 당시 바르셀로나에서 손꼽히는 부자였지.

내가 구엘 궁전을 지을 때는 경비를 절대로 아끼지 말라고까지 했으니까.

M 구엘 아저씨는 어떤 분이셨는데요?

G 구엘은 성공한 사업가였어. 구엘은 아버지로부터 섬유 산업을 물려받았는데, 그걸 기반으로 다양한 분야의 사업을 시도해서 엄청난 부를 축적할 수 있었지.

M 왠지 예술에 대한 안목도 뛰어난 분이었을 것 같아요. 선생님처럼 재능 있는 젊은 건축가를 한눈에 알아봤잖아요.

G 그래. 구엘은 단순히 돈만 많은 사업가가 아니었어.

그는 색다른 예술적 시도를 두려워하지 않았거든.

M 색다른 시도라… 그래서 선생님의 독특한 건축에 끌렸던 건가 봐요.

G 너 혹시 메디치라는 가문에 대해 들어봤니?

M (곰곰이 생각하며) 음…

이탈리아 피렌체에서 예술을 후원했던 그 부자 가문 말이죠?

G 알고 있구나.

M 레오나르도 다빈치, 미켈란젤로, 라파엘로 같은 거장들이 모두 메디치 가문의 후원을 통해 성장한 예술가라고 알고 있어요.

G 나는 종종 구엘을 메디치 공작에 비유하곤 한단다.

메디치가 피렌체의 예술가들을 아낌없이 후원했듯이 구엘이 나를 후원했거든.

M 듣고 보니 정말 그런 것 같네요.

G 내가 평생 건축에 열정과 예술혼을 불어넣으며 일할 수 있었던 건 구엘의 아낌없는 후원과 열광적인 지지 덕분이었단다.

M 참 고마운 분이네요.

구엘 아저씨의 후원이 없었더라면 건축의 도시라고 불리는 지금의 바르셀로나는 없었을 수도 있었겠어요.

G 그럴지도 모르지. 이 정도면 내게 가장 특별한 사람이 누구냐는 질문에 대한 답이 되었겠지?

M 충분합니다.

마르코는 따가운 햇살을 피하기 위해 보도블록을 따라 드문드문 심

구엘 별장 정문

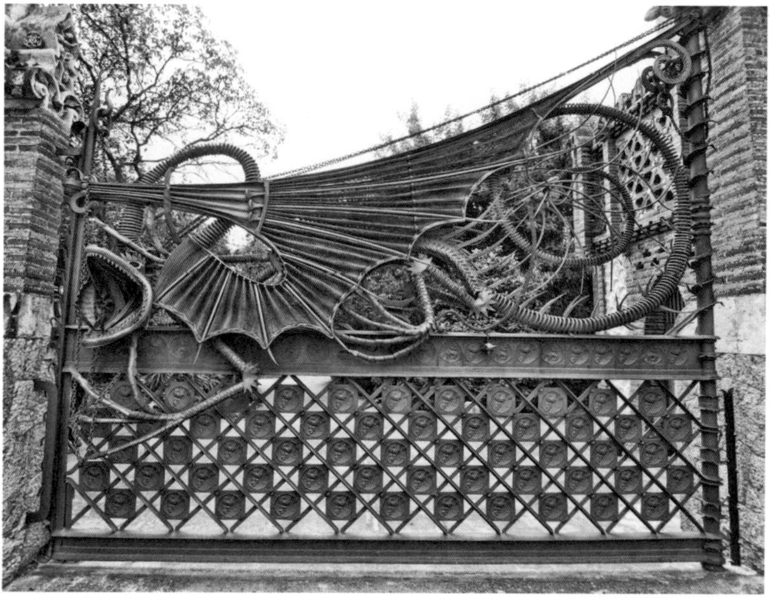

구엘 별장의 철문 장식

겨 있는 소나무 그늘을 찾아 걷는다. 깡총거리며 그늘 밑을 뛰어다니던 마르코. 땀을 뻘뻘 흘리고 있는데 얼마 뒤 선생님이 손가락으로 구엘 별장을 가리킨다.

구엘 별장에 숨은 신화 이야기

G 저기 별장이 보이는구나.

M 어! 벌써 다 왔네요?

G 벌써라니. 한 시간 가까이 걸렸는걸.

M 선생님이랑 얘기를 하면서 와서 그런가 엄청 빨리 온 거 같아요.

G 허허~ 옛날 사람 얘기가 재미있었는지 모르겠구나.

M 구엘 아저씨랑 만난 얘기 재미있던데요?

G 그래? 이따가 구엘 궁전에서도 조금 더 해주마.

M 좋아요! 그런데 이 건물은 입구부터 임팩트 있네요.

G 뭐가 말이냐?

M 저기 정문에 보면 엄청 무섭게 생긴 동물이 입을 쩍 벌리고 혀를 낼름거리고 있잖아요.
가만히 서 있다가는 왠지 잡아먹힐 거 같은 기분이 드는데요?

G 걱정 말거라. 기껏해야 철문이잖니.

M 저 동물의 머리는 뱀 같은데 날개가 있는 걸 보면 뱀은 아닌 거 같고… 혹시 용인가요?

G 바로 맞혔구나.

황금 나무 장식이 있는 기둥

다른 것도 한번 맞혀보겠니?

M 음… 정문 기둥 꼭대기에 둥그런 열매를 매달고 있는 저 나뭇가지들은 뭘까요? 사과 나무? 아니면 오렌지 나무?

G 사과로 보든 오렌지로 보든 큰 상관은 없다만 나는 황금 나무를 생각하고 만들었단다.

M 황금 나무라구요?

G 그래.

M (탐정처럼 손으로 턱을 괴고) 흠…

황금 열매를 맺는 나무와 정문을 지키는 용이라…

뭔가 떠오를 거 같은데 잠시만요.

G 천천히 생각해 보거라.

M 혹시 그리스 신화와 관련이 있나요?

G 아주 예리한데?

헤라클레스의 12과업 이야기를 떠올려보려무나.

M 아! 맞다. 바로 그 얘기네요.

G 그 신화를 아는가 보구나.

M 그럼요. 그리스 신화에서 헤라가 헤스페리데스 정원에 황금 사과 나무를 심어놓고 잠들지 않는 용한테 지키게 했잖아요.

용 이름이 아마 라돈이었을 거예요.

G 잘 기억하고 있구나.

M 그런데 그 용을 헤라클레스가 물리쳤죠.

G 인간 최고의 영웅 말이지?

M 네, 맞아요.

G 그럼 상상력을 한번 발휘해보자꾸나.

잠들지 않는 용이 지키고 있고, 불멸의 황금 열매가 자라고 있는 이 별장은 뭐라고 상상할 수 있겠냐?

M 헤스페리데스 정원이라고 할 수 있겠죠?

G 그렇지? 그렇다면 잠들지 않는 용이 지키는 저 문을 열고 들어가는 사람은 누구라고 생각할 수 있을까?

M 헤라클레스요.

아! 이 별장의 주인인 구엘 아저씨이기도 하겠네요. 그럼 구엘 아저씨가 헤라클레스?

G 어떤 의미인지 알겠니?

M 우와! 구엘 아저씨는 자기 별장을 헤스페리데스 정원으로 만들고 싶었던 거군요. 평범한 인간들은 발을 들일 수 없었다던 신성

하고도 위험한 땅 말이에요.

G 그랬지.

M 그리고 자신을 이 집의 정문, 아니 용이 지키는 정원의 문을 열고 들어가는 헤라클레스로 만들었구요.

G 사실 말이다. 구엘이 나에게 이 별장을 의뢰할 때 신화 속 무대처럼 만들어달라고 했었거든.

M 아~ 처음부터 그렇게 요구를 했었군요.

G 구엘은 때때로 자신을 신화에 나오는 영웅인 것처럼 말하곤 했어. 그런 구엘의 성향을 잘 알았던 베르다게르라는 시인은 헤라클레스의 과업 중 하나인 황금 사과 이야기를 각색해서 구엘에게 선물하기도 했지.

M 바로 그 시가 구엘 별장의 모티브가 된 거구요?

G 그렇단다. 지금은 도로로 분리되었지만 원래 구엘 별장과 하나였던 페드랄베스 궁전(Pedralbes Royal Palace)에 헤라클레스 분수대가 있거든.

그 분수대를 만들었던 것도 같은 이유에서였단다.

M 알고 보니 구엘 별장은 신화 이야기들로 가득하군요.

왜, 포물선 아치일까?

M 선생님. 용의 대문 왼쪽에 있는 작은 출입구 모양이 독특한 거 같아요.

구엘 별장의 포물선 문

G 그러니?

M 보통 출입문은 직사각형으로 만들잖아요. 그런데 저 출입문도 그렇고 그 옆에 창문도 그렇고 문들이 다 둥그스름하네요.

G 포물선 모양이란다.

M 포물선이요?

G 포물선이란 말이 익숙하지 않은 모양이구나.

혹시 공을 던지면 어떻게 되는지 아니?

M 그야 당연히 위로 올라갔다가 바닥으로 떨어지죠.

G 그럴 때 중력에 의해 공이 그리는 곡선이 바로 포물선이란다.

포물선을 이용해 아치를 만들면 건물의 하중을 효율적으로 분산시켜서 안정적인 건물을 만들 수 있지.

M 포물선 모양 아치는 처음 보는 거 같아요.

G 앞으로 내가 만든 건물에서는 자주 보게 될 거다.

이거보다 더 큰 포물선이 마구간에 있는데 한번 가보겠니?

M 진짜요? 그럼 빨리 가봐요.

G 천천히 가도 된단다.

M (마구간으로 들어서며) 우와~ 여기가 마구간이었다구요?

지붕을 떠받치는 높은 기둥 같은 게 하나도 없는데요?

G 천장에서부터 바닥까지 포물선 곡선으로만 만들었단다.

구엘 별장의 지하 마구간

그 사이로 빛이 들어올 수 있게 간격을 띄웠고 말이다.

M 이런 곳에서는 말들도 안정감을 느꼈을 거 같아요.

G 그랬겠지? 예상은 했지만 만들고 나니 나 역시 만족감이 크더구나.

M 이런 생각을 어떻게 하신 거예요?

G 나는 말이다. 고딕이라는 오랜 건축 양식으로부터 해방되고 싶었단다.

M 중세시대에 지어진 유럽의 교회 건물들이 고딕 양식 아니에요? 뾰족하고 높고 웅장한 건물들요.

G 그래, 그런 게 고딕 양식이지.

무려 300년 넘게 이어온 전통적인 양식이란다.

그런데 전통을 넘어서는 일은 그리 쉬운 일이 아니거든.

M 그럴 거 같아요.

G 건축의 구조와 안전성, 설계, 장식의 문제와 같이 풀어야 할 과제들이 많았지.

그런 나에게 포물선 아치가 중요한 실마리가 되어주었어. 앞으로 만들게 될 건축물의 획기적인 아이디어이자 구조적인 변화를 포물선 아치에서 찾을 수 있었거든.

M 건물 내부에 포물선 아치를 만든 건 여기가 처음인가 봐요.

G 그렇단다. 오후에 가게 될 구엘 궁전과 다음번에 갈 테레사 수녀원 학교에서도 잘 관찰해 보거라.

그곳에서도 포물선들이 여러 곳에서 발견될 거란다.

M 알겠어요.

G 오늘은 시간이 많지 않으니 포물선에 대한 이야기는 이만하도록 하자. 이다음에 테레사 수녀원 학교에서 더 많은 얘기를 하게 될 테니까.

M 테레사 수녀원 학교요? 기억해놓을게요.

그런데 저 나가기 전에 가보고 싶은 곳이 있어요.

G 그래? 어디에 가고 싶으냐?

M 건물 옥상이요.

선생님의 건물들에는 옥상마다 뭔가 신기한 게 있더라구요.

G 허허~ 녀석. 나름 정보를 알고 왔구나.

M 당연하죠.

G 그럼 어서 올라갔다 가자꾸나.

M (옥상에 올라서서) 역시! 이럴 줄 알았어요.

상상력을 자극하는 굴뚝과 환기구들은 여기서부터 시작된 거군요.

구엘 별장의 옥상 환기구

G 그렇다고 할 수 있지.
저렇게 깨진 타일을 불규칙하게 붙이는 기법으로 옥상을 꾸민 건 여기가 처음이구나.

M 저런 기법도 이름이 있겠죠?

G 트렌카디스(Trencadis) 기법이란다.
단색 타일을 만든 다음 깨서 작업하기도 하고, 버려진 타일이나 유리 조각들을 모아서 작업하기도 하지.

M 어! 자원 재활용이네요.
요즘 '환경을 보호하자', '자원을 재활용하자'면서 버려지는 물건들을 예술로 재탄생시키는 예술가들이 많거든요.

G 그래?

M 그런데 선생님은 그 아이디어를 무려 100년도 더 전에 생각하신 거잖아요. 역시 가우디 선생님!

G 아이구~ 쑥스럽구나.
이제 다 봤으면 다음 장소로 이동해볼까?

구엘 궁전으로 이동하는 동안 마르코는 조금 힘들어 보이는 가우디 선생님을 위해 말을 아낀다. 대신 가우디 선생님이 해주신 구엘 아저씨와 신화 이야기를 되새겨본다.

산업화가 한창이던 바르셀로나에서 새로운 시대의 영웅이 되고 싶었던 구엘 아저씨. 그리고 기존의 건축 질서를 뛰어넘는 혁신적인 건축을 꿈꿨던 가우디 선생님. 어쩌면 구엘 아저씨와 가우디 선생님은 예견된 운명처럼 만난 두 개의 신화가 아니었을까.

대장장이의 손, 철의 변신

M 선생님! 거의 다 온 거 같아요.

G (꾸벅꾸벅 졸다가 화들짝 놀라며) 벌써 다 왔니?
깜빡 졸았구나. 허허~ 나이가 드니 체력이 예전만 못해.

M 괜찮으시겠어요?

G 그럼. 구엘 궁전을 보면서 놀랄 너의 모습을 상상하니 눈이 번쩍 뜨이는걸.

자~ 정문 쪽으로 걸어가 보자꾸나.

M (정문 앞에 서서) 철로 만든 장식들이 정말 화려하네요.
궁전을 보다가 주변 건물들을 보면 좀 밋밋해 보이는 거 같아요.

G 건물 외부는 나름 절제된 장식들로 꾸며졌단다.
이곳에는 보수적인 성향의 사람들이 주로 드나들었거든.

M 이게 절제한 거라구요?
저는 입구의 철제 장식만 봐도 엄청 신경 써서 화려하게 만드신 거 같은데요?

G 그러니?

M 네. 당연한 질문이지만 의뢰인이었던 구엘 아저씨도 만족하셨겠죠?

G 아주 만족해했지. 건물이 완공되기도 전에 사람들을 이곳 구엘

구엘 궁전 입구

궁전으로 초대했었는걸.

바르셀로나 만국박람회 개막식에 참석했던 국내외 귀빈들을 말이다.

M 오~~ 선생님도 뿌듯하셨겠어요.

그런데 이 집에 구엘 아저씨 가족이 살기도 했던 거죠?

G 그럼. 평상시엔 가족들이 여기서 생활을 했지.

M 그러니까 이 집은 개인의 주택이면서 동시에 연회의 장소이기도 했던 거네요.

G 그렇단다.

구엘 입장에서는 사업적으로 성공해서 큰 부를 얻었으니 궁전 같은 집을 짓고 자신의 사회적 지위를 과시하고 싶었겠지.

M 그랬겠네요.

(입구를 자세히 보며) 그러고 보니 입구 모양이 포물선이네요?

아까 구엘 별장에서 봤던 그 포물선 아치요.

G 안으로 들어가면 더 많은 포물선 기둥과 골격들을 보게 될 거다.

M 구엘 별장에서 포물선 아치 제작을 성공하신 이후에 다른 건물에서도 만드신 거군요.

G 그렇지.

M 설마 입구의 저 철로 만든 장식물들도 모두 선생님이 만드신 거예요? 디테일이 살아 있는데요?

G 모두 내가 만들었지.

M 저 독수리는 금방이라도 날아오를 거 같아요.

파도처럼 춤추는 곡선들은 끊어진 부분이 하나도 없는 거 같은데… 맞죠?

G 그럼. 강철을 하나의 선으로 길게 뽑아 구부려서 만든 거지.

M 저기 격자처럼 보이는 부분은 간격과 모양이 자로 잰 것처럼 일정하네요.

지금처럼 기술이 발달한 시대도 아니었을 텐데 어떻게 저렇게 정확하게 만드실 수 있었어요?

G 내 아버지와 할아버지가 모두 구리솥을 만드는 대장장이였던 것 기억하지?

M 그럼요.

G 내 몸속에는 대장장이의 피가 흐르고 있어.

어린 시절 아버지의 작업장에서 보고 만졌던 금속 덩어리의 느낌이 아직도 생생하거든.

M 선생님도 쇠를 어떻게 다루는지 배우시긴 했나 봐요.

G 물론이지. 내가 저렇게 매끈하고 섬세한 철 장식을 만들 수 있었던 건 물려받은 재능에 어린 시절의 환경이 더해져서 그런 것 같구나.

M 타고난 재능과 환경의 시너지란 말씀이시군요.

그럼 선생님은 철만 보고도 무엇을 어떤 형태로 만들지 상상이 되는 거예요?

G 그렇고말고. 르네상스를 대표하던 조각가 미켈란젤로는 이런 말을 했다는구나.

'나는 대리석 안에서 천사를 보았고, 그를 자유롭게 해줄 때까지 조각했다.'

M 돌 안에 있는 천사의 모습이 보이다니. 정말 대가답네요.

G 나 역시 비슷한 말을 할 수 있을 것 같구나.
고철 덩어리를 보고 있으면 어떤 공간을 갖는 구조로 만들 것인지, 어떤 장식으로 탄생시킬 것인지가 떠오르니 말이다.

M 선생님도 무언가를 만들기 전에 앞으로 만들어질 공간을 보고 느끼시는군요.

G 내 아버지와 할아버지도 아마 그러지 않았을까 싶구나.

M 저도 제 안에 어떤 재능이 잠자고 있는지, 또 그걸 어떻게 발전시킬 수 있는지 곰곰이 생각해봐야겠어요. 조각가의 마음처럼요.

G 자기 자신을 잘 아는 건 중요하지.
그럼 이제 안에 들어가서 궁전 내부를 구경해보겠니?

M 좋아요!

화려한 포물선 정문을 통과해 궁전 내부로 들어온 마르코는 벌어진 입을 다물지 못한다.

구엘 궁전의 돔 천장과 작도

M 헉! 선생님.
안에 들어와서 보니까 밖에서 본 것과는 차원이 다르게 화려한데요? 바닥, 벽, 계단, 기둥이 온통 대리석이에요.

G 가능한 모든 재료를 여러 나라에서 들여와 공사를 했단다.

경비를 아끼지 않아도 되니까 말이다.

M 와~ 어마어마하네요.

G 6개 층에 있는 방들도 모두 다른 구조와 양식으로 화려하게 만들었지.

M 공사비가 엄청나게 들었겠는데요?
아무리 돈을 아끼지 말라고 했어도 막상 들어간 경비를 보면 놀라지 않았을까요?

G 구엘이? 허허~ 무슨 소리.
하루는 이런 일이 있었단다. 평소에 나를 아주 못마땅하게 여기던 집사가 있었지. 그런데 어느 날 그 사람이 구엘에게 고자질을

구엘 궁전 내부

한 거야. 내가 자재를 낭비하면서 공사 대금을 흥청망청 쓴다고 말이다.

M 그래서 경고를 받았나요?

G 무슨… 내가 쓴 공사 대금 내역을 구엘에게 보여줬더니 겨우 그것밖에 안 썼냐고 그러던걸.

구엘은 어디에 어떻게 돈을 써야 하는지 아는 진짜 부자였단다.

M 그런 분이 아낌없는 지원을 해주셨으니 얼마나 든든하셨을까요?

G 일할 맛이 났고말고. 다양한 재료를 가지고 여러 형태의 건축에 도전해볼 수 있었으니 말이야.

M 그럼 저는 더 큰 기대를 안고 올라가볼게요.

(2층에 올라서서) 오~~~

말씀하신 포물선 아치 모양의 대리석 기둥이 저기 있네요.

마치 나무줄기가 힘차게 올라가다가 가지를 치고 만나는 것 같아요.

G 대리석 기둥을 나무줄기로 상상해서 볼 줄 아는구나.

M (위를 올려다보며) 저건 뭐죠?

하늘에서 별이 쏟아져요!

G 돔형 천장이란다. 구엘 궁전에서 가장 아름다운 곳으로 손꼽히지.

M 그럴 만하네요.

고개를 젖히고 보느라 목이 너무 아픈데 계속 바라보게 돼요.

G 그 정도냐?

M 네. 포물선 아치로 세워진 네 개의 벽기둥들이 저 높은 돔을 아

구엘 궁전의 화려한 돔형 천장

주 안정적으로 떠받치고 있는 거 같아요.

G 그래, 맞다.

저 중앙의 돔을 만들기 위해 특별한 철제 구조물을 조선소에서 만들어오기까지 했거든.

M 돔의 안쪽 벽에 육각형 조각을 붙여서 마감한 건 정말 좋은 아이디어 같아요. 그냥 사각형보다 예쁘기도 하지만 안정적이면서 효율적인 도형이기도 하잖아요.

G 도형에 대해 뭘 좀 아는 모양이다.

M 수학 시간에 배웠는데 벌들이 육각형으로 집을 짓는 건 최소한의 재료로 최대한의 공간을 확보할 수 있기 때문이래요.

G 그렇지. 자연은 누가 가르쳐주지 않아도 최적의 방법을 스스로 찾아가니까 말이다.

이제 다른 곳을 보러 갈까?

M 아! 잠깐만요.

저 지금 빛이 들어오는 구멍의 개수를 세고 있어요.

G 구멍의 개수를 센다고?

M 하나, 둘, 셋, 넷, ….

(한참을 세더니) 84개? 가운데 큰 구멍까지 합하면 85개?

맞아요?

G 허허~ 생각보다 빠르고 정확하게 셌는걸?

M 그게, 잘 보니까 규칙이 있더라구요.

G 어떤 규칙 말이냐?

M 가운데 큰 구멍을 빼고 첫 번째 원을 이루는 구멍의 개수를 세보면 16개예요. 다음 원, 또 그다음 원도 크기는 커지지만 구멍의 개수는 똑같이 16개구요.

그런 원이 5개 있으니까 $16 \times 5 = 80$개인 거잖아요.

G 그렇지.

M 그런데 네 개의 코너에 구멍이 1개씩 더 있더라구요.

그러니까 가운데 큰 구멍을 뺀 나머지 구멍의 개수는 총 $16 \times 5 + 4 = 84$개란 말씀!

G 하나하나 세지 않고 규칙을 이용해 세는 방법이 마음에 드는구나.

M 사실 제가 규칙을 발견할 수 있었던 건 구멍의 위치 덕분이었

어요.

G 구멍의 위치가 줄마다 다른데?

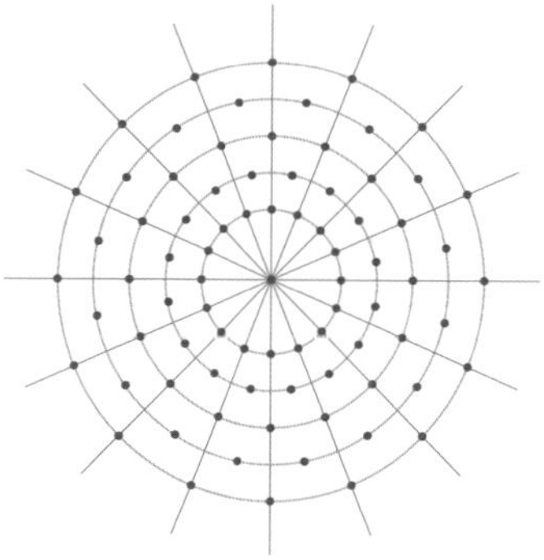

홀수 번째 원의 구멍 개수

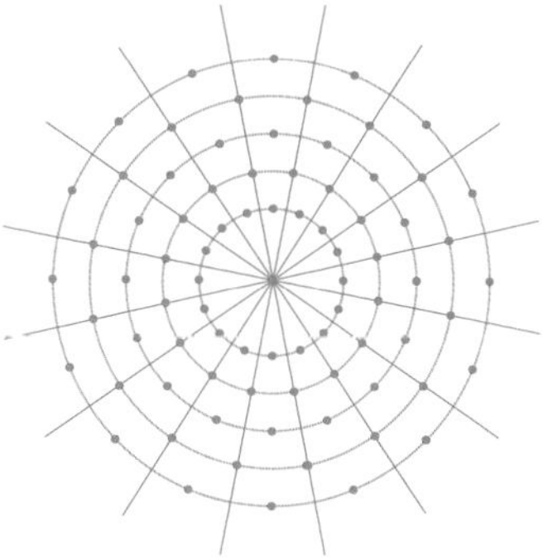

짝수 번째 원의 구멍 개수

M 잘 보세요.

가운데 큰 구멍으로부터 첫 번째 원 위에 있는 구멍들을 차례로 직선으로 그어본다고 상상하면 모두 8개의 직선을 그을 수 있어요.

G 그렇겠구나.

구멍은 16개지만 중심에서 직선을 그으면 2개의 구멍이 한 직선에 연결되니까 말이다.

M 그런데 그 직선들은 세 번째, 다섯 번째 원 위의 구멍들을 지나가요. 원의 크기는 다르지만 홀수 번째 원들의 구멍 위치는 같다고 할 수 있거든요. 그리고 그건 구멍의 개수가 같다는 말도 되는 거예요.

G 네 말처럼 같은 위치에 있는 구멍들은 하나의 직선 위에 있으니까 개수도 같겠구나.

M 맞아요.

마찬가지 방법으로 짝수 번째 원에 있는 구멍들도 선으로 이어 보면 개수가 같다는 걸 확인할 수 있어요.

G 아주 수학적인 설명이구나.

M 근데 왠지 만들 때부터 수학적인 계산을 하셨을 거 같은데요? 그렇지 않고서야 어떻게 저렇게 일정하게 구멍을 만들 수 있었겠어요?

G 수학적인 계산이 당연히 필요했지. 사실 저 구멍의 작도뿐만이 아니란다. 건축을 할 때는 모든 부분에서 수학적인 계산을 빼놓을 수가 없거든.

M 그래서 저건 어떻게 만드신 건데요?

G 원의 둘레를 32등분 하는 작도를 했었단다.

M 원둘레를 32개의 부분으로 똑같이 나눈다구요?

너무 어려워 보이는데요?

G 별로 어렵지 않단다. 한번 보겠니?

가우디 선생님은 주머니에서 종이와 펜을 꺼내 능숙하게 원과 직선들을 그려나간다.

G 자~ 이렇게 수직으로 만나는 두 직선을 먼저 긋는단다.

그리고 그 교점을 중심으로 원을 하나 그리지.

M 여기까지는 별로 어렵지 않네요.

G 다음으로 원의 중심에서 두 수직선이 이루는 각을 이등분 하는

선을 그린단다.

그러면 처음에 그린 수직선과 45도를 이루는 두 개의 직선을 더 그릴 수 있지.

M 이것도 할 수 있어요.

수학 시간에 각의 이등분선을 어떻게 작도하는지도 배웠거든요.

G 그럼 지금까지 그린 직선들이 원과 만나는 곳에 점을 찍어보자꾸나. 원의 둘레에 몇 개의 점이 찍혔을까?

M 음… 8개죠.

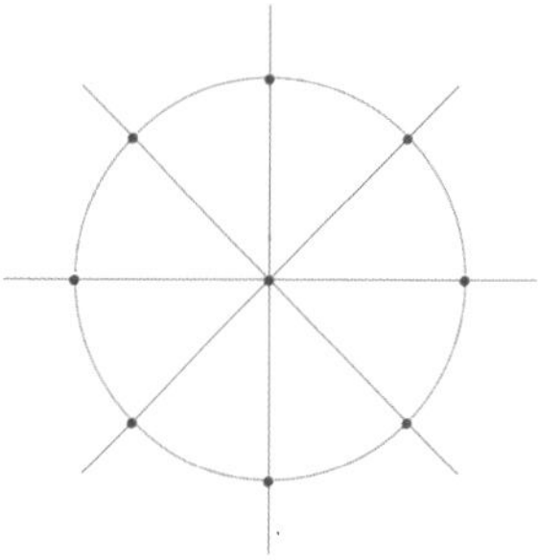

원 위의 8등분점

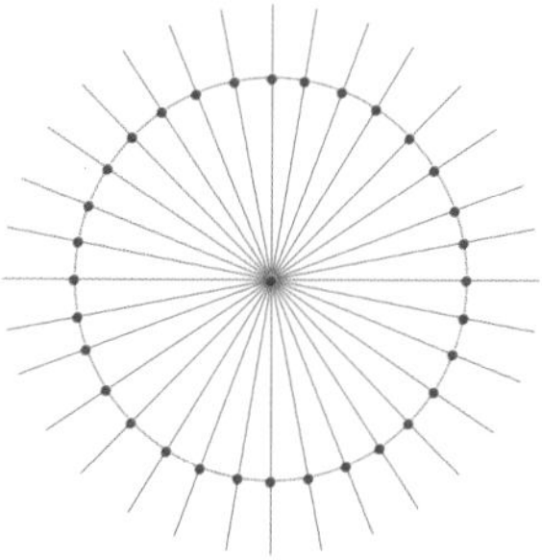

원 위의 32등분점

G 그렇지. 그렇다면 이런 식으로 각을 계속 이등분선 해서 직선을 그릴 수도 있겠지?

각의 이등분선을 어떻게 작도하는지 배웠다고 했으니까 말이다.

M 할 수 있을 거 같아요.

G 그러면 다음번에는 16개의 점이 찍히겠지?

M 그 다음번에는 32개의 점이 원 위에 찍히고요.

G 바로 그렇단다.

M 결국 각을 이등분 하는 작도를 반복하면 되는 거였네요.

G 아직 끝난 게 아니란다.

하나의 원 위에 일정한 간격으로 32개의 점을 찍었으면, 이제 그 바깥으로 동심원을 여러 개 그려야 하거든.

M 그럼 두 번째 원 위의 점은 첫 번째 원 위의 점과 서로 교차하게 찍으면 되겠네요?

G 그렇지.

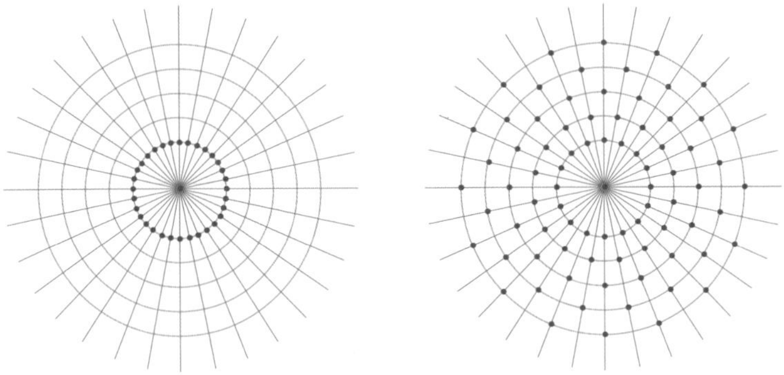

5개의 동심원과 천장 구멍의 위치 표시

M 결국 제가 따로 그렸던 16개의 직선을 한꺼번에 그려 넣으면 되는 거였군요.

G 이제 알았니?

사실 네 설명 안에 이미 답이 있었던 거란다.

반복과 차이

M 아~ 머리야! 너무 오랜만에 수학을 해서 그런가 머리가 지끈거

리네요. 아무래도 바람을 좀 쐬야 할 거 같아요.

G 허허~ 녀석. 옥상으로 올라가볼까?

M (옥상에 올라서며) 하~ 시원하다.

어! 저 굴뚝들! 구엘 별장에서 본 거랑 비슷하네요.

G 종류가 좀 다양해진 거 같지 않니?

M 그러네요.

개수도 늘어났지만 색깔도 모양도 훨씬 다양해진 거 같아요.

선생님의 건축에는 같은 게 하나도 없군요.

G 나는 같은 형태나 형식을 반복해서 사용하는 걸 좋아하지 않거든. 새로운 건물을 지을 때는 그 건물의 목적과 기능에 맞도록 새로운 형태를 구상하고 적용하는 것이 건축가의 역할이라고 생각한단다.

구엘 궁전 옥상 환기구들

M 사실 한국에서는 사람들이 대부분 비슷비슷하게 생긴 아파트에 살거든요. 그런데 가족 구성원의 특성이나 사용 목적에 맞게 집을 지으면 좋을 거 같아요.

선생님 같은 건축가들이 많아지면 집의 모습도, 도시의 풍경도 달라지겠죠?

G 제자 양성을 위해 내가 더 분발해야겠구나.

M 아녜요. 이미 충분히 큰 역할을 하고 계세요.

선생님은 건축뿐만 아니라 다른 분야에도 영향력이 있으신걸요?

G 내가?

M 네. 모르셨어요?

피카소도 선생님의 영향을 받았다고 하던데요.

G 아~ 그 친구.

내가 한창 구엘 궁전 공사를 하고 있을 때, 그 근처에 살면서 예술 작업을 했다고 하더구나.

그런데 내가 어떻게 그 친구의 작품에 영향을 줬다는 거냐?

M 옥상에 있는 이 굴뚝과 환기구들 말이에요.

도자기를 깨서 색과 모양을 새롭게 창조하며 붙여가는 방식으로 만들어졌잖아요.

G 트렌카디스 기법 말이구나.

M 네, 바로 그 기법 말이에요.

피카소의 그림을 보면 어떤 사물을 위, 아래, 앞, 뒤, 옆에서 지켜본 다음, 각각의 모습을 조각조각 잘라서 한 화면에 담는 식으로 그렸거든요.

G 듣고 보니 조각내서 붙이는 게 트렌카디스 기법과 비슷해 보이기도 하는구나.

M 그렇다니까요.

피카소를 입체주의 화가라고 부르거든요. 그런데 그 입체주의에 영감을 준 게 바로 선생님이 만든 트렌카디스 굴뚝인 거예요.

G 건축과 미술이라는 영역만 다를 뿐 작품을 만들어내는 방식이 정말로 닮은 것 같구나.

M 신기하죠?

G 사실 그 친구는 나를 별로 좋아하지 않았어.

여기 구엘 궁전 부지는 원래 우유 공장 자리였거든. 그런데 그 우유 공장 자리에 부자를 위한 궁전을 짓는다고 얼마나 나를 비난했는지 모른단다.

M 제 생각에 피카소는 선생님은 싫어했는지 모르지만, 선생님의 건축까지 싫어하진 않은 거 같아요.

G 그래?

M 예술적 영감을 받겠다며 선생님이 짓고 있던 궁전 옆에 살았던 것만 봐도 알 수 있잖아요.

G 글쎄다. 나는 잘 모르겠구나.

M 여하간 저는 서로의 이념은 달라도 가고자 하는 예술의 방향은 같을 수 있다고 생각해요.

G (잠시 생각에 잠기더니) 흠… 그 말에 동의하지 않을 수 없구나.

나 역시 경쟁자였던 동료 건축가에게 많은 걸 배웠던 적이 있거든.

M 그분은 누구셨어요? 궁금하네요.

G 도메네크라는 친구인데 건축가이면서 정치가이기도 했지. 작가와 교수로도 활동했고 말이다. 정말 대단한 능력자였어.

M 여러 방면에서 영향력이 있는 분이셨군요. 왠지 선생님하고는 성향이 좀 달랐을 것 같은데요?

G 서로 의견이 달라서 부딪힐 때도 있었지. 그래도 도메네크와 나는 가고자 하는 건축의 방향은 같았단다. 카탈루냐만의 색깔이 담긴 건축을 만들고 싶어 했거든.

M 카탈루냐요? 스페인다운 건축을 추구하는 게 아니고요? 카탈루냐는 구체적으로 어느 지역을 말하는 거예요?

G 내가 태어난 타라고나 주와 이곳 바르셀로나 주, 그리고 예이다와 지로나 주를 합해 카탈루냐라고 한단다. 지도상으로는 스페인의 북동부 지역 4개 주를 말하지.

M 그럼 그 카탈루냐 지역에는 다른 지역에 없는 특별한 무언가가 있는 건가요?

G 있다마다. 역사적으로 카탈루냐 지역은 아주 오래전부터 독립 왕국을 이뤄왔거든. 바다를 끼고 있어서 지중해 전역에 걸친 무역도 할 수 있었고 말이다.

M 무역이 발달했으면 부유한 나라였겠네요.

G 그랬지. 정치나 법적인 제도 면에서도 앞서 나갔고…

M 문화적으로도 발달했을 거 같은데요?

G 바로 그거란다. 카탈루냐에는 오래전부터 이어져 내려온 전통과

문화, 언어가 따로 있었거든.

지금은 스페인이라는 하나의 나라로 통일되었지만 8세기부터 이어져 내려온 역사와 전통은 아직까지 살아 있단다.

M 저는 그냥 스페인의 한 도시 정도로만 생각했는데, 다른 도시들과는 다른 문화와 전통이 있었군요.

G 고백을 하자면 내 건축 이론은 도메네크로부터 적지 않은 영향을 받았단다.

당시 그 친구는 여러 건축 양식을 분석하고 정리해서 카탈루냐만의 독특한 건축 양식을 만들어냈어.

나 역시 건축을 통해 내 고향 카탈루냐의 정체성을 살리려고 노력했고 말이다.

M 선생님같이 대단한 건축가도 누군가로부터 영향을 받았다는 게 놀랍네요.

저도 서로에게 자극을 주며 발전하는 선의의 경쟁자를 찾아봐야겠어요.

G '이념은 달라도 예술은 통한다'니… 오늘은 내가 너에게 한 수 배운 것 같은데?

구엘 별장과 구엘 궁전을 돌아본 오늘.

마르코는 가우디 선생님의 대단한 건축 능력에 감탄하게 되었다. 어제 본 비센스 주택과는 사뭇 다른 분위기와 규모, 그리고 건축물 속에 담겨 있는 신화적 의미들까지. 볼거리만큼이나 상상의 범위도 넓어지는 것 같다.

'내일 가게 될 곳을 미리 알면 참 좋을 텐데…' 하는 생각과 함께 마르코는 혼자서 바르셀로나의 이곳저곳을 돌아다니는 상상을 해본다.

· 여행 3일차 ·

3차원 세상의 괴짜 건축가

성 테레사 수녀원 학교
Colegio de las Teresianas

GATE
11

SEAT
28A

FLIGHT
56C

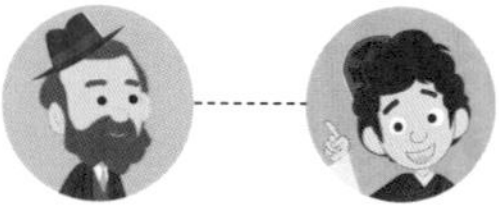

벌써 여행 3일차가 되었다. 여행은 언제나 아쉽고 또 아쉬운 것 같다.

사실 마르코는 출발 전에 전체 일정을 알고, 그에 맞는 준비를 미리 하고 싶었다. 그래서 오기 전부터 가우디 선생님께 여쭤봤는데, 그럴 때마다 '오면 알려주겠다'는 알 수 없는 대답만 하셨더랬다.

더 황당한 건 여기서도 다음 날 일정을 미리 알려주시지 않는다는 것.

극적인 효과를 노리시는 건가? 그렇담 성공이긴 하다.

깜짝 선물처럼 매일 가는 곳을 기다리게 되고 실제로 놀라기도 하니까.

오늘은 종교적인 건축물을 방문하신다는 힌트만 주셨는데, 지도에 동그라미 친 세 곳 중 하나가 될 것 같다.

하여간 가우디 선생님! 의외로 장난꾸러기 같은 구석이 있으시다.

M 부에노스 디아스 세뇨르! (Buenos días señor!)

G 어이구~ 스페인어로 아침 인사도 할 줄 아는구나.
도르미스테 비엔? (Dormiste bien?)

M 엥? 뭐라고 하신 거예요?

G 잘 잤는지 물어본 거란다.

M 하하~ 잘 잤죠.
제가 할 줄 아는 스페인어는 '올라'랑 '부에노스 디아스'가 전부예요. 아! 카사(casa)가 집인 것도 알아요.

G 기회가 되면 스페인어도 배워보렴. 아주 매력적인 언어란다.

M 전 세계에서 두 번째로 많이 쓰이는 언어이기도 하구요.

그나저나 오늘은 어딜 가는 거예요?

제가 지도에서 선생님이 지으신 종교적인 건물을 찾아봤거든요.

왠지 셋 중에 하나일 거 같아요.

G 그 셋이 어딘지 말해보겠니?

M 음… 성가족 성당이랑 성 테레사 수녀원 학교, 콜로니아 구엘 성당이요. 다른 곳은 너무 멀어서 하루 만에 다녀오기 어려울 거 같던데요?

G 제법인걸. 세 곳 모두 우리 여행 일정에 있는 곳이란다.

M 우와~ 그럼 오늘은 그중에 어딜 가나요?

G 성 테레사 수녀원 학교에 갈 거란다.

준비는 다 됐겠지?

M 물론이죠.

어제만큼이나 화창한 날씨에 마르코는 기분이 좋아진다. 큰 길가로 들어서자 가우디 선생님은 오늘도 대중교통을 이용해 이동할 거라고 말씀하신다. 아무래도 성 테레사 수녀원이 생각만큼 가깝지 않은 곳에 있는 모양이다.

불량학생 가우디?

M 선생님이 살던 시대는 지금처럼 교통이 편리하지 않았잖아요. 건축일을 하러 매일 왔다 갔다 하시는 게 쉽지 않았을 것 같아요.

G 삶의 속도 자체가 지금처럼 빠른 시대는 아니었지. 하지만 당시에도 전차나 마차 같은 나름의 대중교통 수단은 있었단다.

M 옛날 영화에서 전차랑 마차가 지나다니는 장면을 봤어요. 선생님은 그런 시대에 사셨던 거군요.

G 상상이 잘 안 되지? 네가 사는 시대보다 100년도 더 전의 얘기니까 말이다. 내가 유학 시절에 돈이 없어서 학교까지 걸어 다녔다고 했던 말 기억나니?

M 그럼요, 기억하죠.

G 그런데 나도 경제적인 여유가 생기면서는 전차나 마차를 자주 이용했었단다.

M 아르바이트까지 하시면서 열심히 일하시더니 드디어 여유가 생기셨나 봐요.

G 그렇게 큰 여유는 아니었지만 말이다.

M 그래도 선생님은 다른 건축가들에 비해 빨리 성공하신 거 같아요.

G 빠른 성공이라… 보기에 따라 그렇게 비칠 수도 있겠구나.

M 누가 그러던데요? 선생님은 학교를 졸업하기 전부터 건축가로 이름을 알리셨다고요.

G 어쩌면 운이 좋았다고 말할 수 있겠구나.

건축학교에 다니면서 아르바이트를 할 때 당시 건축계의 거장이라 손꼽히는 폰세레 밑에서 5년간이나 도제로 일을 할 수 있었거든.

M 유명한 분과 일하면서 같이 유명해지셨나 봐요.

G 글쎄다. 그건 잘 모르겠다만 폰세레를 비롯해 여러 거장들과 일을 하며 실력을 키운 것은 사실이란다.

M 거봐요. 졸업하고 나서는 구엘 아저씨의 후원도 받으시고.

그 정도면 승승장구하신 거 아닌가요?

G 빛의 이면에는 언제나 그림자가 있는 법이지.

구엘도 처음부터 나에게 모든 건축을 맡긴 건 아니었거든.

M 어! 진짜요?

G 완성된 구엘 별장을 보고 내 능력을 인정하기 전까지는 실내에 놓일 가구 제작 정도의 일만 맡겼지.

M 아~ 그렇군요.

저는 처음부터 굵직한 건축을 의뢰하신 줄 알았어요.

G 그뿐만이 아니었어.

레이알 광장의 가로등이나 시우타데야 공원 조성 같은 공공 건축을 하면서는 건축비용을 제때 지급받지 못해서 경제적으로 곤란할 때가 많았단다.

성당 건축에서도 마찬가지고 말이다.

M 돈을 제때 안 주면 어떻게 일을 해요?

G 건축일을 하다 보면 그럴 때가 많지.

M 그럴 땐 화가 많이 나셨겠어요. 일은 했는데 돈도 못 받으시고.

G 그런데도 다른 사람들 눈에는 그냥 쉽게 젊은 나이에 성공한 것처럼 보이는 모양이구나.

M 알고 보면 선생님은 건축학교에 다니던 시절부터 공방을 드나들며 현장 경험을 익히신 거잖아요.

G 일찍 현장에 뛰어든 만큼 힘든 경험을 많이 했지. 한 가지 다행인 건 그러면서 두각을 드러냈다는 거야.

M 주변의 말만 듣고 선생님의 성공을 너무 쉽게 생각했네요.

G 가까이 있는 사람이 아니면 이런 내막을 자세히 알기는 어렵잖니. 당시에도 나의 성공을 두고 의견이 분분했단다. 사람들은 내가 그렇게까지 성공하리라고는 생각하지 못한 거 같거든.

M 왜요?

G 난 말이다. 학교 다닐 때부터 불량학생이라고 소문이 자자했어.

M 불량학생이셨다구요?

G 그래. 시골에서 올라온 가난한 학생이 수업은 안 듣고 허구한 날 공사장에나 왔다 갔다 하니 그렇게 보이지 않았겠니?

M 돈을 벌려고 아르바이트하신 거잖아요.

G 게다가 수업을 듣는 날은 교수들과 싸우듯이 질문하고 비평을 해댔거든.

M 교수들을 비평했다구요? 뭐라구요?

G 사실 비평이라기보다 새로운 시도를 해보면 어떻겠냐고 내 의견을 제시한 거였지.

M 아… 선생님은 교수들이 가르치는 기존의 건축 방법이나 철학이 답답했던 거군요.

G 그랬지. 물론 오랜 세월 이어져 내려온 건축의 질서가 중요하고 배울 만한 가치가 있다는 사실은 인정한단다.

그러나 새로운 시도 없이 답습만 하다 보면 발전이란 건 있을 수 없거든.

M 맞는 말씀이긴 한데…

G 나는 전통적인 건축물들이 갖는 한계를 분석하고, 그것을 뛰어넘을 수 있는 방법을 찾고 싶었단다.

기능에 충실하면서도 생명력을 갖는 건축.

그런 건축을 하고 싶었지.

M 교수들은 선생님의 도전적이고 패기 넘치는 생각을 이해하지 못했을 거 같은데요?

G 이해를 바라는 건 어려운 일인 거 같더구나.

졸업할 때까지도 나에 대한 평가가 엇갈렸으니까 말이다.

M 교수들 사이에서도 선생님 생각을 지지하는 의견과 그렇지 못하는 의견이 있었군요.

G 지지했다고 말할 수 있는지는 모르겠구나.

여튼 몇몇 교수들이 내 가능성을 믿고 탈락한 졸업 시험을 다시 치를 수 있게 해주었지.

M 안 그랬으면 졸업을 못 하셨겠네요?

G 그래. 그분들 덕분에 가까스로 졸업은 할 수 있었으니까.

M 나름 응원군이 있었네요.

G 아닌 교수들도 많았단다.

졸업식 때 건축학교 학장이었던 루젠트 교수가 나한테 뭐라고 한 줄 아니?

'여러분, 지금 내가 이 건축사 자격증을 천재에게 주는 것인지, 아니면 미치광이에게 주는 것인지 잘 모르겠소.'

M 미치광이요? 엄청 무안하셨겠어요.

G 내가? 천만의 말씀!

'이제 본격적으로 나만의 건축을 할 수 있겠구나'라고 생각했는걸?

M '위기를 기회로'라는 말처럼 선생님은 사람들의 비난이나 조롱을 긍정적인 자극으로 바꾸셨네요.

G 세상을 살다 보면 나와 생각이 다른 사람들은 언제나 있고, 어쩔 수 없이 타인과 부딪힐 때도 있기 마련이야.

하지만 강단 있게 살아가려면 꿋꿋해져야 해. 좋은 말에 춤추지 않고, 나쁜 말에도 좌절하지 않는 지혜와 용기가 필요하지.

M 저도 다른 사람들의 말에 너무 흔들리지 않도록 노력해야겠어요.

선생님의 인생 이야기를 듣다 보니 어느덧 테레사 수녀원 학교에 가까워진 모양이다.

입체 십자가의 의미

G 다 온 것 같구나.

M 네? 테레사 수녀원 학교가 어느 건물이에요?

G 저기 건물 꼭대기에 팔이 네 개 달린 십자가 보이지?

그게 테레사 수녀원 학교 건물이란다.

M 아… 수녀원 학교 건물이라 그런지 단아하면서 수수한 느낌이 드네요. 이 건물은 언제 지으신 거예요?

G 구엘 궁전이 마무리되어 가던 즈음 시작했단다.

1889년이었으니까 내가 37살이었을 때구나.

M 한창나이에 만드신 거군요.

G 이 건물보다 조금 앞서서 아스토르가 주교관(Cathedral Astorga) 건축도 시작했었거든.

M 공사 두 개를 같이해요?

G 그럼. 그런데 말이다, 그 시기에 했던 이 두 공사는 나에게 아주 큰 의미가 있단다. 나에게 깊이 있는 종교적 지식과 신앙심을 가져다주었거든.

M 그렇군요. 아스토르가 주교관도 보고 싶네요.

G 안타깝지만 이번 여행에서는 어려울 거 같구나.

주교관이 레온(Leon)이라는 지방에 있어서 너무 멀거든.

게다가 내가 완성한 건물이 아니라서 보고 나면 아마 느낌이 많이 다르다고 생각될 거다.

M 선생님이 완성하신 게 아니라구요?

그럼 누가 완성을 했어요?

G 나 대신 다른 사람이 공사를 마무리했지.

애초에 내가 했던 설계와는 다르게 말이야.

M 어쩌다가 그런 일이…

성 테레사 수녀원 학교

아스토르가 주교관

G 사실 주교관 건물을 짓기로 한 건 같은 고향에서 온 그라우 주교 때문이었어. 종교적으로도 인간적으로도 참 본받을 만한 분이었거든.

그런데 건축을 진행하는 내내 건축 위원회 사람들이 작업에 트집을 잡고 임금을 지불하지 않았지 뭐냐.

M 돈도 안 주면서 일을 계속 시켰단 말이에요? 나쁜 사람들.

G 그러던 중에 갑자기 그라우 주교가 선종을 했단다.

내가 주교관 건축에 매달려야 할 이유가 사라진 거지.

M 그나마 의지하던 분이 돌아가신 거네요.

G 그랬지. 그래서 4년간 공사를 하면서 쌓였던 불만을 모두 털어놓고 그만두었단다. 설계도도 다 불태워버렸고 말이다.

M (박수를 치며) 잘하셨어요.

G 몇 년 뒤에 다시 와달라고 했는데 거절해버렸어.

건축가에게 자존심은 건물의 기둥과 같거든.

한 번 무너진 신뢰는 되돌리기 어렵지.

M 그 위원회라는 사람들 정말 너무했네요.

G 그 후로 내가 매달린 작업이 바로 이 성 테레사 수녀원 학교란다.

M 아… 그랬던 거군요.

G 그라우 주교가 내게 추천해준 『교회의례연감』이란 책을 읽으면서 성당 건축에 새로운 눈을 뜨게 되었거든.

M 왠지 이곳에서 종교와 관련된 특별한 이야기를 들을 수 있을 것 같은데요?

G 특별한 이야기가 듣고 싶냐?

M 당연하죠.

이렇게 외곽까지 나왔는데 뭔가 큰 걸 건져가야죠.

G 그럼 다른 곳에서는 본 적 없는 걸 하나만 찾아보거라.

성 테레사 수녀원 학교의 입체 십자가

M (건물을 이리저리 살피다가) 포물선 모양 입구는 구엘 별장이나 구엘 궁전에서도 봤고…

혹시 아까 선생님이 가리키신 저 팔이 네 개 달린 십자가 말씀하시는 거예요?

저런 모양은 여기서 처음 보는 거 같은데요?

G 저게 특별해 보이니?

M 네. 보통 십자가는 정면에서 봐야 제대로 보이잖아요.

그런데 저 십자가는 이렇게 건물 아래에서 봐도 십자가 모양으로 보여요.

G 다른 방향에서 보면 어떻게 보일 거 같으냐?

M 음… 옆에서 봐도, 위에서 봐도 십자가로 보이겠네요.

생각해보니 되게 신기하네요.

G 네 말처럼 저 십자가는 이 수녀원에서 처음 만들었단다.

M 와! 저 맞힌 거네요?

G 그래, 맞혔구나.

그런데 앞으로 가게 될 다른 건물에서도 저런 모양의 입체 십자가는 종종 나타날 거다.

M 그래요? 그럼 어디에 또 있는지 찾아봐야겠네요.

G 하지만 똑같은 모양은 없을 거란다.

M 옥상 위에 환기구들처럼 조금씩 다르게 만드셨나 봐요.

G 허허허~ 그렇지.

M 그런데 혹시 저 입체 십자가에 어떤 의미가 있는 거예요?

G 여러 의미가 있을 수 있겠지.

나의 의도도 있지만 내 건축을 바라보는 사람들이 또 다른 의미를 부여할 수도 있겠고 말이야.

M 아하!

G 너는 저 십자가에 어떤 의미를 주고 싶으냐?

M 저요? 아… 잠시만요.

저는 왠지 신에게 바치려고 만든 십자가 같아요.

하늘에서 내려다봤을 때도 십자가 모양이잖아요.

G 좋은 의미구나.

또 다르게 생각해볼 수 있을까?

M 하나님의 말씀이 동서남북으로 멀리멀리 퍼져 나간다.

어떠세요?

G 아주 그럴듯한 생각이구나.

2차원 평면 나라와 4차원 입체 세상에 대한 상상

M 선생님에게 입체 십자가는 어떤 의미였나요?

G 사실 나는 저 입체 십자가를 만들면서 인간의 지성으로는 알기 어려운 또 다른 차원의 존재를 상상했단다.

M 또 다른 차원이요?

G 우리는 3차원이란 공간에 살고 있고, 그렇기 때문에 더 높은 차원은 볼 수가 없지 않니.

M 그렇죠.

G 기껏해야 사물이나 현상을 2차원적인 모습으로 보고 생각할 뿐이란다.

M 어! 잠깐만요.
3차원에 사니까 3차원적으로 사물을 보는 거 아닌가요?
저는 저 앞에 보이는 건물을 입체적으로 보고 있다고 생각하거든요.

G 그게 말이다. 너는 입체적으로 보고 있다고 생각하지만 사실은 평면적으로 보고 있는 거란다.
차원을 낮춰서 생각하면 조금 더 쉬울 것 같구나.

M 차원을 낮춰요?

G 네가 만약 2차원 평면에 사는 도형이라고 생각해보자꾸나.
그러면서 다른 도형들을 보면 어떻게 보일 거 같으냐?

M 글쎄요. 상상이 잘 안 되는데요.

G 그럼 이렇게 생각해보자꾸나.

종이 위에 동전을 올려놓고 눈높이를 동전의 모서리에 맞춘 다음 종이 위 세상을 바라보는 거지.

M 종이를 위에서 보는 게 아니라 옆에서 보라는 말씀이시죠?

G 그렇지.

그 상태에서 연필로 그려진 삼각형이 지나간다고 생각해 보거라. 그들의 모습은 어떻게 보일 거 같으냐?

M 연필로 그려진 삼각형이 지나간다구요?

그럼 삼각형들은 두께가 없는 거네요?

G 연필로 그려졌으니까 당연히 없겠지.

과연 지금 네가 보는 것처럼 삼각형의 형태로 보일지 아닐지 생각해 보거라.

M 평면 위의 도형들은 두께가 없으니까 그냥 가는 선 정도로 보일 거 같은데요?

G 바로 그거란다.

2차원 평면에 사는 도형들에게 다른 도형은 1차원인 선으로만 보이거든. 마찬가지로 3차원 공간에 사는 우리도 사실은 눈앞에 보이는 장면들을 사진처럼 2차원적으로 보는 거란다.

M 아~ 그러니까 제가 만약 사물을 앞에서 바라본다면 위나 옆에서 동시에 볼 수 없다는 뜻이고 그러면 결국 바라보는 장면만 평면적으로 인식한다는 말씀이시군요.

G 그렇지. 그런데 이번엔 반대로 생각해볼까?

2차원에 사는 도형들은 서로의 모습을 선으로만 볼 수 있었지?

M 네, 그랬죠.

G 그런데 3차원에 사는 우리는 2차원 종이 위에 그려진 도형의 모습을 선이 아닌 정확한 도형의 모습으로 볼 수 있잖니.

M 그렇죠.

G 왜 그럴까?

M 위에서 바라보면 되니까 그렇죠.

G 옳지. 그러면 2차원 평면에 사는 도형들은 '위'라는 방향을 알까? 모를까?

M 에이~ 알면 2차원을 벗어났겠죠.

G 과연 그럴까?

M 하긴 '위'라는 존재를 안다는 것과 평면을 벗어나 '위'로 간다는 건 전혀 다른 문제일 수도 있겠네요.

아~ 어려운데요?

G 아마 2차원에 사는 도형들은 '위'라는 방향을 모를 게다.

우리가 한 차원 높은 4차원의 다른 방향을 모르는 것처럼 말이다.

M 음… 그러네요.

G 그리고 네 말처럼 그 '위'라는 방향을 안다고 해도 그곳으로 가는 건 불가능한 일이겠지.

M 마치 우리가 4차원으로 이동할 수 없는 것처럼요?

G 그렇지. 그런 생각들을 하다 보니 왠지 신은 우리가 알지 못하는 곳에서 우리 모두를 내려다보고 있을 것 같다는 생각이 들더구나.

M 우리가 2차원 평면을 선이 아니라 도형의 모습으로 보는 것처럼요?

G 바로 그렇단다.

M 생각해보니까 저 저런 모양의 십자가를 본 적이 있는 것 같아요.

G 어디서 말이냐?

M 살바도르 달리라는 화가가 있거든요.

달리의 〈십자가에 못 박힌 예수(Crucifixion)〉라는 유명한 작품이 있는데, 거기에도 선생님이 만든 것과 같은 모양의 입체 십자가가 있었어요.

G 그래? 거 참 신기하구나.

M (검색으로 찾은 그림을 보여주며) 이거요.

(정보를 계속 찾아보며) 보니까 이 달리라는 화가도 스페인 출신이네요. 게다가 선생님의 건축 작품을 아주 좋아했대요.

G 내 건축을 좋아했다구?

M 제 생각엔 이 달리라는 화가가 선생님이 만든 입체 십자가를 보고 영감을 얻은 거 같아요.

G 그래? 허허허~

그 친구도 나처럼 인간의 차원을 넘어선 존재를 표현하려고 했던 게 아닌가 싶구나.

M 그럴지도 모르겠어요.

저 입체 십자가는 4차원 초입방체의 전개도래요.

초입방체를 영어로는 하이퍼큐브(Hypercube)라고 하는데, 4차원 입체니까 3차원에 사는 우리 눈으로는 정확한 모습을 볼 수가 없다고 하네요.

G 그렇겠구나. 입체 십자가가 그 하이퍼큐브의 전개도라 하니 머릿속으로 한번 잘 접어보려무나.

그러면 4차원 입체의 모양을 3차원적으로라도 상상해볼 수 있지 않겠니?

M 하하~ 그건 나중에 하구요.
이제 저 포물선 입구를 지나 안으로 들어가시죠.

G 그러자꾸나.

마르코는 두 손을 모으고 발뒤꿈치를 들어가며 1층 복도를 천천히 걷는다. 유난히 경건한 자세로 걷는 마르코를 지켜보며 가우디 선생님은 슬며시 미소를 짓는다.

아치의 종류와 수학적 성질

G 그렇게까지 긴장하지 않아도 된단다.

M (소곤거리며) 그래도 여긴 학교잖아요.
그것도 수녀원에서 운영하는.

G 하긴 지금까지 방문한 곳들에 비하면 여기 분위기가 좀 근엄하긴 하지.

M 다른 건 잘 모르겠고 저는 포물선 아치 위주로 열심히 보고 있어요. 어제 선생님이 여기 오면 설명해주신다고 했던 말씀 기억하시죠?

G 내가 그랬던가?

M 아 참! 선생님도.

G 그래. 그럼 2층에 가서 설명해주도록 하마.

M (2층 복도 앞에 서서) 하…

진짜 매번 저를 이렇게 놀라게 하시다니.

G 뭐가 그리 놀라우냐?

M 별다른 장식도 없이 그냥 이렇게 곡선만으로 복도를 만드신 거잖아요. 그런데도 이렇게 환상적인 분위기가 나올 수 있다는 게 무척 놀랍네요.

구엘 별장이나 구엘 궁전에서 본 포물선 아치와는 차원이 다른데요?

G 포물선 아치로 이어진 이런 복도는 처음 봤나 보구나.

M 당연하죠. 보통은 기둥을 높이 세우고 그 위에 판판한 천장을 세우잖아요. 네모반듯하게요. 그게 아니면 반원 모양으로 만들던가요.

G 하긴 내가 이런 포물선 아치를 만들기 전까지는 기둥 위에 반원이나 뾰족하게 만나는 두 곡선을 세운 아치가 유행이었지.

M 저 그 아치가 뭔지 알아요.

기둥 위에 반원을 올린 아치는 로마식 아치, 뾰족한 곡선을 세운 아치는 고딕 아치라고 하지 않아요?

G 아치에 대해 제법 아는구나.

M 수학 시간에 다리 만들기를 하면서 배웠거든요.

G 그래? 그럼 아치에 대해 아는 게 있으면 나한테 한번 설명해주겠니?

M 음… 아치에는 두 가지 힘이 작용한대요.

성 테레사 수녀원의 포물선 아치 복도

하나는 무게 때문에 아래로 눌리면서 미는 힘, 또 하나는 버티는 힘. 버티는 힘이 미는 힘을 견뎌야 아치가 무너지지 않는대요.

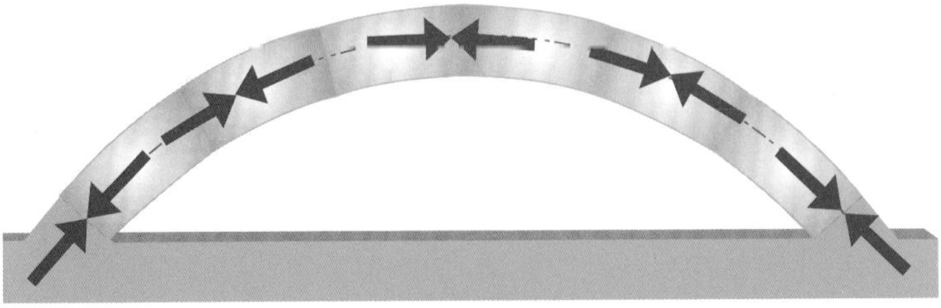

아치에 작용하는 힘

G 아치에 대해서는 아주 박사구나.

혹시 수학적으로도 설명할 수 있는 게 있을까?

M 모양으로 설명해야 할 거 같아요.

로마식 아치는 반원을 그려서 만들거든요.

그러니까 하나의 원만 있으면 되죠.

G 그럼 고딕 아치는 어떻게 만드는 거냐?

M 고딕 아치는 만들 때 두 개의 원이 필요해요.

반지름이 같은 두 개의 원이 서로의 중심을 지나도록 그려야 하거든요. 그 교차된 부분을 베시카 피시스(Vesica Piscis)라고 하는데, 그 부분으로 뾰족한 곡선을 만드는 거예요.

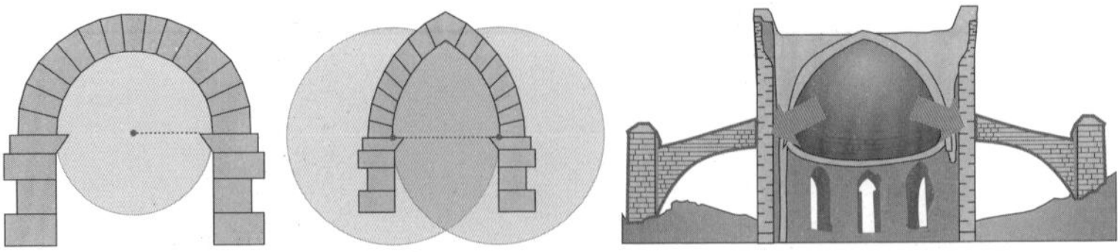

로마식 아치 고딕 아치 고딕 아치의 버트레스

G 제법이구나.

그럼 나는 건축학적인 설명을 덧붙여볼까?

M 오~ 좋아요.

G 로마식 아치는 건물의 무게를 버티기 위해 두꺼운 외벽이 필요하단다. 고딕 아치는 두꺼운 외벽 대신 버트레스(buttress)라는 버팀목을 사용하지.

M 버트레스가 뭐예요?

G 좀 전에 네가 아래로 눌리면서 미는 힘이 있다고 말했잖니.

그 힘 때문에 아치가 자꾸만 밖으로 밀리면서 무너지려고 하거든. 그래서 무너지지 않게 하려고 양 옆에 세워놓는 일종의 버팀기둥이란다.

M 그렇군요.

G 사실 두 양식 모두 건물을 안정적으로 지탱해주는 훌륭한 구조이긴 하단다.

그런데 건물 외벽이 두꺼워지거나 버팀목을 사용해야 하는 단점을 피할 수가 없지.

M 그럼 선생님은 그 한계를 이 포물선 아치라는 구조로 극복한 거예요?

G 바로 그렇단다. 포물선 아치를 이용하면 두꺼운 벽이나 버팀목 없이도 건물의 무게를 효율적으로 분산시켜서 안정적인 구조를 유지할 수 있거든.

M 와~ 어떻게 그게 가능해요?

G 아치에 미는 힘과 버티는 힘이 있다고 했었지?

그 두 힘의 흐름을 하나의 선으로 표현하면 이렇단다.

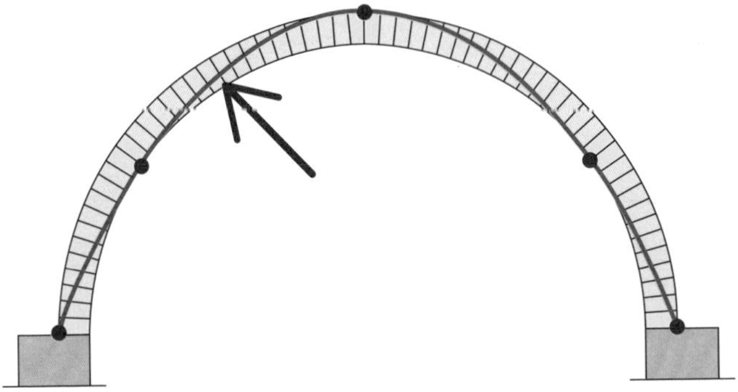

아치 내부를 흐르는 힘의 선

이 선은 아치 내부를 통과해 흘러야 하지.

만약 이 선이 아치의 내부를 벗어나게 되면 아치는 무너지고 만단다.

M 아치 내부에 저런 힘의 선이 있었다니…

그러니까 선생님 말씀처럼 아치는 되도록 두껍게 만들어야겠네요. 힘의 크기나 방향이 바뀌어도 저 힘의 선이 아치 안에 있게 하려면요.

G 그래야 하지.

그런데 놀라운 사실은 저 힘의 곡선을 찾는 방법에 있단다.

저 곡선의 모양을 잘 보거라.

M 어! 반원이 아니라 약간 포물선처럼 생겼는데요?

G 그렇지?

저 곡선을 거꾸로 뒤집으면 어떻게 될까?

M 아래로 볼록한 곡선이 되겠죠?

G 그럼 우리는 아래로 볼록한 그 곡선을 찾은 다음 거꾸로 뒤집으면 되겠지?

M 그렇겠네요.

G 간단한 실험을 하나 해보자.

선생님은 언제 준비하셨는지 주머니에서 철로 된 줄을 하나 꺼내 마르코의 손에 쥐여준다.

G 이 줄을 양손으로 잡고 늘어뜨려 보거라.
그럼 어떤 모양이 되겠니?

M 부드러운 곡선이 되네요.
혹시 이게 우리가 찾는 그 힘의 곡선인가요?

G 바로 그렇단다.
네가 줄을 늘어뜨려 만든 곡선을 뒤집기만 하면 그게 힘의 곡선이 되는 거란다.

M 이렇게 쉽게 찾을 수 있다니 믿을 수가 없는데요?
그냥 이 줄 모양을 사진으로 찍은 다음 뒤집어서 아치를 만들면 되는 거잖아요.

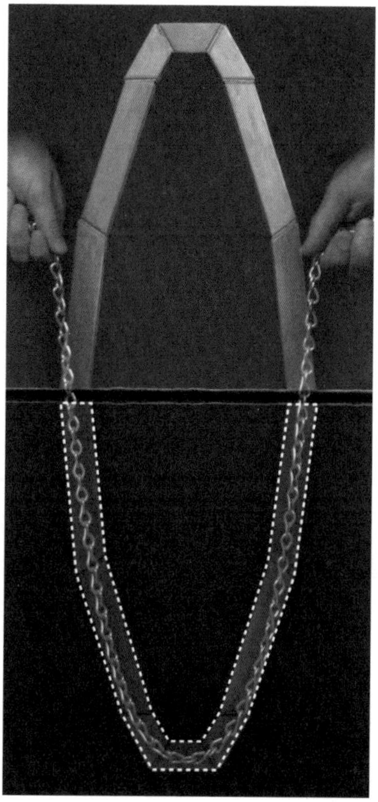

현수곡선 실험

G 다만 조심해야 하는 게 있단다.

뒤집은 곡선이 원래 똑바로 세워져 있는 아치 안에 들어가도록 폭과 높이를 잘 조절해야 하거든.

M 그야 당연하죠.

G 그리고 또 하나.

아치의 두께나 폭, 높이를 결정하기 위해 추가적인 실험을 한 가지 해야 하는데…

M 이게 끝이 아니에요?

G 조금 더 까다로운 실험이 남아 있단다.

M 그건 또 어떤 실험인데요?

G 아… 그 실험이 뭔지 여기서 보여주는 건 좀 어렵겠구나.

M 왜요?

G 준비물이 필요하거든.

그건 여기 말고 다른 곳에서 보여주도록 하마.

M 아쉽지만 일단 기다려보겠습니다.

그런데 저 한 가지 더 궁금한 게 있어요.

G 뭐가 궁금하냐?

M 선생님은 아치의 힘 곡선을 찾기 위해 철로 된 줄을 늘어뜨리셨잖아요. 그럼 그 곡선이 포물선인 건가요?

지금까지 본 둥근 아치들을 포물선 아치라고 불렀잖아요.

G 엄밀히 말하면 포물선이 아니란다.

포물선은 공 같은 물체를 높이 던졌을 때 지나가는 경로를 말하거든. 줄을 늘어뜨려서 만든 이런 곡선은 현수선(Catenary)이라

하고 말이다.

M 어! 그럼 지금부터는 포물선 아치가 아니라 현수선 아치라고 불러야겠네요.

G 허허~ 뭐 그렇게까지 할 필요는 없을 것 같구나.
그냥 편한 대로 부르렴.

M 왜요? 공을 던져서 나온 포물선하고 선을 늘어뜨려서 얻은 현수선은 엄연히 다른 거잖아요.
이름부터 서로 다르구요.

G 사실 포물선과 현수선의 모양은 큰 차이가 없단다.
갈릴레오 같은 대수학자들도 구분을 못 할 정도였으니까.

M 혹시 찾는 방법이나 이름만 다르고 같은 곡선 아닐까요?

G 설명하긴 좀 어렵지만 포물선과 현수선은 수학적으로 전혀 다른 곡선이란다.
함수식으로 써보면 좀 더 확실히 알 수 있는데, 포물선은 이차함수로 현수선은 쌍곡 코사인 함수로 나타낼 수 있지.

M (머리를 쥐어뜯으며) 아악!! 무슨 말인지 모르겠어요.

G 허허허~ 나중에 더 높은 학년이 되면 수학 시간에 배울 수 있을 거다.

M 수학 얘기는 그만하고 그냥 좀 걸으면 어떨까요?

마르코는 천천히 복도를 따라 걸으며 아치 사이로 비춰드는 햇빛을 온몸으로 느낀다. 그러고는 이내 환상적인 분위기에 젖어든다.

성 테레사 수녀원, 일곱 개의 방과 포물선 아치

M 저 멀리 어딘가로 빨려 들어가는 기분이에요.

포물선 아치의 끝엔 뭐가 있을까요?

G 어디로 갈 거 같으냐?

M 글쎄요. 아무래도 여긴 종교적인 건물이니까 물리적인 공간보다는 영적인 공간을 떠올리는 게 어울릴 거 같은데요?

G 건물의 분위기를 느낄 줄 아는구나.

내가 이 복도를 만들 때 생각한 게 바로 그거였거든.

M 역시 저의 이 뛰어난 공간 감각!

G 그런데 말이다. 이 공간의 의미를 알려면 성 테레사 수녀에 대해 먼저 알아야 한단다.

M 마더 테레사 말씀이신가요?

G 허허허~ 아니.

성 테레사 수녀는 네가 말한 마더 테레사보다 400년 정도 전에 태어난 분이지. 스페인의 작은 도시 카스티야에서 말이다.

M 굉장히 오래전에 활동했던 분이네요.

G 당시에 많은 수도원이 세속화되어가고 있었거든.

그런 모습을 지켜보던 테레사 수녀는 엄격한 수도 생활로 돌아가야 한다고 주장하면서 새로운 수도원을 세웠지.

그 후로 평생 스페인 전역을 돌아다니면서 수도원의 개혁을 위해 노력하셨고 말이다.

M 음… 대단한 분이네요.

그런데 포물선 아치로 만든 이 공간의 의미와는 연결이 잘 안 되는데요?

G 녀석~ 급하기는. 얘기를 좀 더 들어보거라.
테레사 수녀가 수도원의 개혁을 주장하게 된 결정적인 계기를 알아야 하거든.

M 그게 뭔데요?

G 테레사 수녀가 병에 걸려 무척 아팠던 적이 있었단다.
그때 테레사 수녀는 황홀한 종교적 경험을 여러 번 하게 되지.

M 황홀한 종교적 경험은 뭘까요?

G 꿈에서 성모 마리아를 만나고 신비스러운 음성을 들었다고 하는구나. 테레사 수녀가 했던 신비한 경험은 『영혼의 성(*Interior Castle*)』이라는 책에 자세히 묘사되어 있지.

M 선생님은 그 책을 읽어보셨어요?

G 그럼. 그 책에서 테레사 수녀는 깊은 묵상과 기도를 통해 신에게 이를 수 있다고 말하고 있어.
그리고 그 과정을 일곱 개의 방으로 묘사하고 있지.

M 일곱 개의 방이요?

G 그래. 나는 그 일곱 개의 방에서 영감을 받아 건물을 일곱 개의 구역으로 나눴단다.
복도는 높이와 폭이 달라지는 아치들로 설계를 하고 말이지.

M 그러니까 선생님은 신에게 이르는 여러 단계의 길을 이렇게 크기와 높이가 다른 아치들로 구성한 거군요.

G 그게 내 나름의 표현 방법이었던 거란다.

M 다는 아니지만 뭔가 알 거 같아요.

그런데 선생님은 건축을 할 때마다 항상 그렇게 공부를 하세요? 아까 아스토르가 주교관을 지을 때도 『교회의례연감』이라는 책을 읽으셨다고 했잖아요.

G 공부? 항상 하지.

그래야 목적과 기능에 충실한 아름다운 건물을 지을 수 있는 거 아니겠니?

M 그렇게 바쁘신데 책까지 찾아 읽으시고…

G 책을 읽는 것은 아무것도 아니란다.

M 네?

G 건축을 하려면 건물이 지어질 현장에 직접 가서 지형과 지질, 주변의 자연환경 같은 것들을 탐색해야 하지.

또, 집을 의뢰한 건축주의 직업, 성격, 개성, 취미, 심지어 그 사람의 야망까지도 파악해 고려해야 하고 말이다.

M 좋은 건축을 한다는 건 정말 쉬운 일이 아니군요.

G 하지만 보람 있고 즐거운 일이란다.

모든 일이 그러지 않겠니?

M 하긴… 저도 앞으로 커서 뭐가 되어야 하나 고민하면서 이런저런 직업을 알아보고 있거든요.

그런데 쉬운 일은 하나도 없는 거 같더라구요.

G 그렇지. 힘들어도 너에게 의미 있는 일, 하면서 행복한 일.

그런 일을 찾는 게 중요한 거란다.

M 맞아요.

종교적 상징이 있는 출입문 장식

G 그럼 이제 집으로 돌아갈까?
나갈 때 출입문에 붙어 있는 장식물을 놓치지 말고 보고 가거라.

M 네? 그건 또 뭔데요?

G 하나는 화살이 박혀 있는 테레사 수녀의 심장이고 다른 하나는 가시 면류관을 두른 예수의 심장이란다.

M 윽! 무섭게 왜 심장에 화살을 박아놓으셨어요?

G 그것도 역시 테레사 수녀와 관련 있는 상징이란다.

M 상징이요?

G 어느 날 기도를 하고 있던 테레사 수녀에게 천사가 나타나 불로 만든 창으로 그녀의 심장을 찔렀다는 이야기가 있거든. 그때의 일로 테레사 수녀의 심장에는 성흔이 박혔다고 하는구나.

M 심장에 흔적이 남은 걸 어떻게 알아요?

G 궁금하면 나중에 테레사 수녀의 무덤이 있는 성당에 가보거라. 그곳에 가면 400년간 썩지 않고 보존된 테레사 수녀의 심장을 볼 수 있을 거다.

M 와~ 대박!
그 심장이 아직도 보존되어 있다구요?

G 그렇다니까.

M 하여튼 선생님은 정말 치밀하신 분 같아요.

G 내가?

M 그럼요. 저렇게 구석구석까지 상징들을 깨알같이 숨겨놓으셨잖아요.

G 허허허~ 난 숨기지 않았단다.

다만 아는 사람들에게는 보이고 그렇지 않은 사람들에겐 보이지 않을 뿐이지.

M 선생님 건축물 투어를 하려면 정말 공부를 많이 해야겠어요.

G 그래?

하기사 세상은 아는 만큼 보이는 법이니까.

테레사 수녀원 학교에서 집으로 가는 길.

마르코의 뇌리에 문득 선생님이 하셨던 말씀이 스치듯 떠오른다. 처음에는 돈을 벌기 위해 일을 했지만 시간이 갈수록 건축에 대한 생각이 변했다고 하시던 말씀 말이다.

'어쩌면 테레사 수녀원 학교가 그런 계기 중 하나였을 수 있겠구나'라는 생각이 들자 마르코에게 오늘의 일정이 무척이나 의미 있게 다가오는 것 같았다.

· 여행 4일차 ·

자연에는 직선이 없다

구엘 공원

Parc Güell

GATE
11

SEAT
28A

FLIGHT
56C

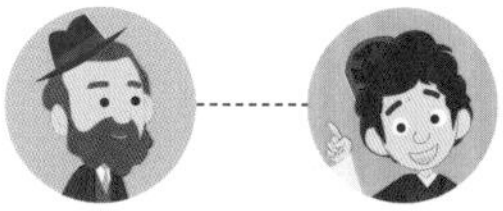

어제 저녁. 리베라 지구에 있는 집에 도착하자마자 가우디 선생님이 짐을 싸라고 하셨다.

"엥? 왜요?"

"이사를 해야 하거든."

아니 이렇게 갑작스럽게 이사를 하는 경우가 세상에 어디 있담? 그런데 더 황당한 건 마르코가 멍 때리고 있는 사이에 가우디 선생님은 벌써 짐을 다 싸셨다는 것.

'캐리어 하나 끌고 여행 온 나보다 짐을 빨리 싸는 건 반칙 아닌가?'

그러고 보니 선생님의 짐은 이삿짐이라고 할 것도 없이 너무나 단출하다. 마르코는 한국에서 누리고 사는 많은 것들이 떠오르며 갑자기 부끄러운 마음이 들었다. 그래서 아무 말 없이 짐을 챙겨 가우디 선생님을 따라 나섰다.

어디로 가는지도 모른 채.

M (부스스한 얼굴로 눈을 비비며) 선생님, 잠은 좀 주무셨어요?

G 조금밖에 못 잤지만 괜찮단다.

그래, 너는 좀 잤니?

M 저는 뭐~ 머리만 땅에 닿으면 자니까 잠은 잘 잤는데요, 도대체

여긴 어디예요?

어제는 선생님을 놓칠까봐 정신없이 쫓아 오느라 주변은 보지도 못했어요. 오늘은 선생님도 저도 이사하느라 피곤하니까 멀리 안 갔으면 좋겠네요.

G 멀리 안 갔으면 좋겠다구? 까짓거 그러자꾸나.

아침 공기가 상쾌한데 문을 열고 잠시 바깥을 보고 올 테냐?

M 그럴까요?

(바깥에 나갔다가 헐떡이며 들어와서) 대박 대박 대박!!

선생님 저희 어제 구엘 공원 안에 있는 집에서 잔 거예요?

G 그래. 여기가 내 집이란다.

M (흥분해서 말을 더듬으며) 저 아래쪽에 그… 그… 과자 같은 집이 있어요.「헨젤과 그레텔」에 나오는 동화 같은 집이요.

G 허허허~ 벌써 보고 온 거냐?

M 진짜 꿈만 같아요. 한국 가면 친구들한테 자랑해야지!

G 과연 네 친구들이 믿을지 모르겠구나.

M (갑자기 화를 내며) 아이참! 선생님!

첫날부터 여기서 잤으면 얼마나 좋아요. 이런 동화 같은 집에서 살아보는 게 제 어린 시절 꿈이었단 말이에요.

G 나도 그렇게 해주고 싶구나. 그런데 그거 아니?

M 뭐요?

G 우리는 시간의 흐름에 따라 여행을 하고 있단다.

그러니 어제까지는 리베라 지구에서, 구엘 공원을 보는 오늘은 이 집에서 머물러야 하는 거지.

구엘 공원 내 가우디의 집

M 그러고 보니 우리가 본 건물의 순서와 선생님이 건축한 순서가 일치하는군요.

여태 그걸 몰랐다니… 바보! 바보!

G 내가 말을 안 해줬으니 모를 수밖에.

M 그런데 선생님은 언제부터 이 집에 사신 거예요?

G 내가 54세 되던 해니까 1906년이겠구나.

당시 아버지 연세가 90세가 넘으셨는데 좀 더 많은 시간을 함께 하고 싶어서 이리로 오게 된 거란다.

M 공사장이 집 옆에 있으니까 선생님도 편하셨겠어요.

G 당시에 내가 하던 공사가 한두 개가 아니어서 멀리 가야 할 때도 있었지만, 그래도 이 집에서 거의 20년을 살았으니 나쁘다고만은 할 수 없겠지.

M 여튼 저는 이 집이 너무너무 마음에 들어요.

문만 열면 구엘 공원이니까 오늘은 늦장을 부려도 되겠어요.

G 그래. 아침 먹고 천천히 나가자꾸나.

가우디 선생님은 어제와는 다르게 지팡이를 챙기신다.

지팡이를 보니 어디가 불편하신가 싶어 마르코는 괜스레 마음이 쓰인다.

살아 있는 동화의 집

M 선생님 제가 부축해 드릴까요?

G 아니다. 아직은 쌩쌩하단다.

지팡이는 내 만성적인 관절염 때문에 짚은 거니까 신경 쓰지 말거라.

M 오늘은 이 공원만 보면 되니까 천천히 산책하듯 걸어 다니는 게 좋겠어요.

G 그러자꾸나. 이름도 공원이잖니.

M (입구를 향해 걸어가며) 선생님! 저기 저 과자집이요.

저 과자집 꼭대기에 입체 십자가가 있어요.

종종 볼 거라고 하시더니 구엘 공원에도 만들어놓으셨군요.

G 허허~ 과자집이라고 부르는 게 재미있구나.

M 건물 이름을 모르겠어서요.

구엘 공원 입구의 경비실(왼쪽)과 봉사관(오른쪽)

그리고 진짜 과자로 만든 집 같잖아요.

G 네가 가리킨 건물은 봉사관이고, 반대편 건물은 경비실이란다.

M 아~ 그렇구나. 그래도 저는 계속 과자집이라고 부를래요. 하하~

G 좋을 대로 하렴.

여튼 저 입체 십자가 모양이 테레사 수녀원 학교에서 본 거랑 다르지 않니?

M 그러네요. 테레사 수녀원 학교에 있던 십자가는 빨간색이었고 끝에 꽃장식 같은 게 있었어요.

근데 여기는 흰색이고 끝부분으로 가면서 뾰족해지는 모양이네요.

G 앞으로 보게 될 입체 십자가들도 똑같은 모양은 없을 거란다. 건물의 특징이나 분위기에 맞게 모두 다른 옷을 입혀놨거든.

M 저도 알아요. 선생님은 같은 모양을 반복해서 만드는 걸 안 좋아하시잖아요.

G 녀석. 기억력이 좋은데?

M 선생님과 여행하면서 건축을 보는 눈이 조금 생긴 거 같아요. 그래서 앞으로는 보물찾기처럼 선생님만의 건축 기법이나 상징 같은 것들을 직접 찾아보려구요.

G 그거 참 좋은 생각이구나.

그리스 신전을 닮은 다주실

M (공원 입구에 도착해 계단을 바라보며) 와~~~

사진에서 보던 것보다 훨씬 웅장하네요.

마치 그리스 신전 앞에 와 있는 거 같아요.

G 그래? 무슨 신전처럼 보이냐?

M 음… 파르테논 신전?

G 허허~ 이번엔 너의 예상이 좀 빗나간 거 같은데?

M 사실 제가 아는 신전은 파르테논 신전밖에 없거든요.

G 괜찮단다. 많은 사람들이 그리스 신전 하면 파르테논을 제일 먼저 떠올리지.

사실 저 기둥들은 파르테논 신전에서와 같이 도리아식으로 만들

구엘 공원

었단다.

M 그럼 선생님은 어떤 신전을 모티브로 만드신 거예요?

G 델포이라는 도시에 있는 아폴론 신전처럼 만들고 싶었지.

M 예언의 신 아폴론이요?

G 그렇단다. 그리스인들은 아폴론 신전이 있는 델포이를 세상의 중심이라고 생각했거든.

그곳에 가면 '지구의 배꼽'이라고 불리는 '옴파로스'라는 돌도 볼 수 있단다.

M 세상의 중심이라… 그럼 선생님은 이곳을 세상의 중심으로 만들고 싶으셨던 거예요?

G 좀 과한 상상일 수도 있겠구나.

M 그치만 뭐… 상상은 자유잖아요.

건축을 하는 것도 건축가 마음이구요.

G 허허~ 그렇긴 하지.

M (곰곰이 생각을 하더니) 하긴… 파르테논 신전보다 아폴론 신전이 더 낫겠네요.

G 갑자기 그건 또 무슨 말이냐?

M 그리스 신화를 보면 사람들이 어떤 중대한 결정을 할 때마다 신탁을 받으러 델포이 신전으로 가잖아요. 신탁을 받으러 갈 정도면 그만큼 신성하다는 의미기도 하니까요.

G 그렇게 생각해도 되겠구나. 그런데 그거 아니?
델포이는 단순히 신탁만 받아가는 곳이 아니었단다.

M 그럼 그 도시에 또 다른 역할이 있었다는 거예요?

G 그래. 이렇게 한번 상상을 해보자꾸나.

M 어떻게요?

G 네가 신탁을 받으러 가는 그리스 사람이라고 말이다.
그럼 너는 델포이까지 가기 위해 아주 힘들고 긴 여행을 해야 했겠지? 그때는 지금처럼 교통이 발달한 시대도 아니었으니까 말이다.

M 그랬겠죠?

G 그렇게 어렵게 도착해서 신탁을 받았다 치자.
그럼 신탁만 받고 바로 다음 날 떠날 수 있었겠니?

M 어휴~ 여러 날에 걸쳐 어렵게 갔는데 당연히 며칠 쉬었다가 가야죠.

G 그러면서 그리스의 다른 지역에서 온 사람들을 만나기도 하고 말이지?

M 그렇죠. 저 말고도 신탁을 받으러 온 사람들이 많았을 테니까 같이 쉬고 얘기하고 그러면서요.

G 결국 델포이는 신탁을 목적으로 다양한 지역에서 온 사람들이 만나 서로의 정보를 나누고 문화를 배워가는 교류의 장이었던 셈이란다.

M 오~ 그렇겠네요. 저는 신탁을 받으러 간다고만 알았지 그런 뒷얘기는 생각도 못 했어요.

G 실제로 델포이에 가보면 아폴론 신전 뒤에 있었던 음악당과 경기장이 지금까지 남아 있단다. 많은 사람들이 거기에 머물면서 문화를 즐기고 체력도 키웠다는 걸 보여주는 증거인 셈이야.

M 그럼 저 뒤에 산은 파르나소스 산이라고 생각해야 할까요?

G 이번에는 제대로 맞혔는걸.

저 산은 '벌거숭이'라는 뜻의 펠라다(Pelada) 산이란다. 그런데 나는 저 산을 아폴론 신전 뒤로 펼쳐진 파르나소스 산으로 상상했었지.

M 구엘 공원을 제대로 감상하는 법 하나!

'여기는 아폴론 신전이다'라고 상상하기. 맞죠?

G 허허허~ 그렇게 상상하면서 돌아다니면 여러 가지 재미있는 신화적 상징들을 볼 수 있을 거다.

M (계단을 오르다가 멈춰서며) 드디어 만났네요.

이 알록달록한 도마뱀 장식 말이에요.

혹시 이 도마뱀도 신화적인 상징물인가요?

G 도마뱀처럼 보이지만 실은 피톤(Python)이라는 뱀을 상징한단다.

구엘 공원의 도마뱀 분수대

다주실의 기둥

용으로 해석해도 되고 말이지.

M 피톤이면 아폴론이 죽였다는 왕뱀인데, 피톤이나 용으로 보기엔 얘는 지나치게 귀여운 거 아닌가요? 하하~

G 피톤도 용도 모두 상상의 동물이니 만드는 사람 마음 아니겠냐.

M 그렇긴 하죠.

(계단 끝에 다다르며) 드디어 신전으로 들어가네요.

와~ 기둥이 도대체 몇 개예요?

G 한번 세어볼 테냐?

M 시간도 많은데 까짓것 세어보죠, 뭐.

(한참을 돌아다니면서 중얼거리더니) 팔십 개하고도 여섯 개 더니까. 86개네요. 맞죠?

G 잘 세었구나. 또 뭐가 보이는지 찾아보겠니?

M 글쎄요. 기둥을 보면 아랫부분은 원기둥 형태인데, 그 위로는 오목하게 각이 진 형태로 천장까지 뻗어 있는데요?

G 그 모양을 잘 봐두거라.

성가족 성당에 가게 되면 이 기둥의 오목한 선들이 나선형으로 꼬이며 올라가는 모습을 보게 될 게다.

M 잘 기억하고 있다가 비교해볼게요.

천장도 예술이네요.

움푹 들어간 둥근 모양들은 하늘을 떠다니는 구름 같아요.

그 사이에 붙어 있는 화려한 원형 접시들은 우주를 떠도는 별 같구요.

G 잘 보면 원형 접시 안에 있는 별들은 크기와 색깔이 각기 다르

구엘 공원 천장

단다.

네 개의 큰 접시에는 태양을 만들어 넣었는데, 색깔에 따라 봄, 여름, 가을, 겨울로 구분되지.

작은 접시들은 네 말처럼 별이나 달로 이해하면 되겠구나.

M 그런데 선생님. 너무 하셨네요.

G 내가? 뭘 너무 했을까?

M 세상에… 그냥 시멘트로 발라도 힘들었을 저 높은 천장을 저렇게 작은 타일 조각들로 빼곡하게 채운 거잖아요.

G 허허허~ 트렌카디스 기법으로 마감한 천장 말이구나.

더한 걸 보여주랴?

M 더한 게 있다구요?

G 같이 저 위 광장으로 올라가 보자꾸나.

다주실 천장의 트렌카디스 장식

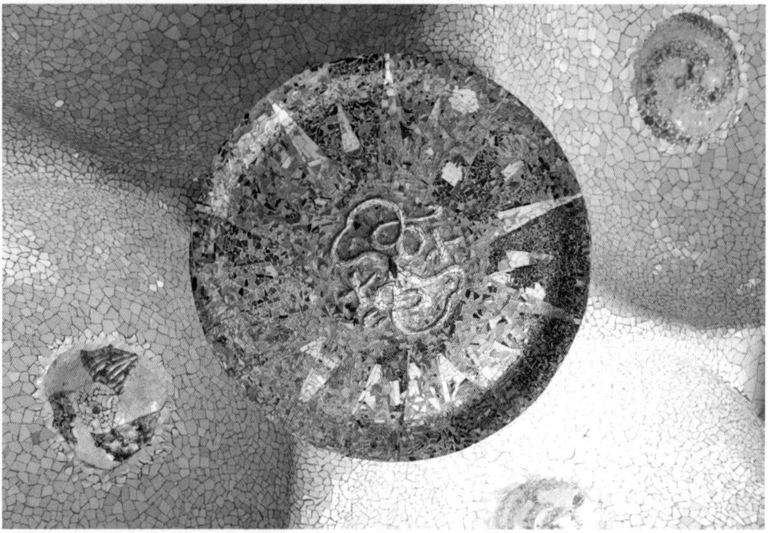

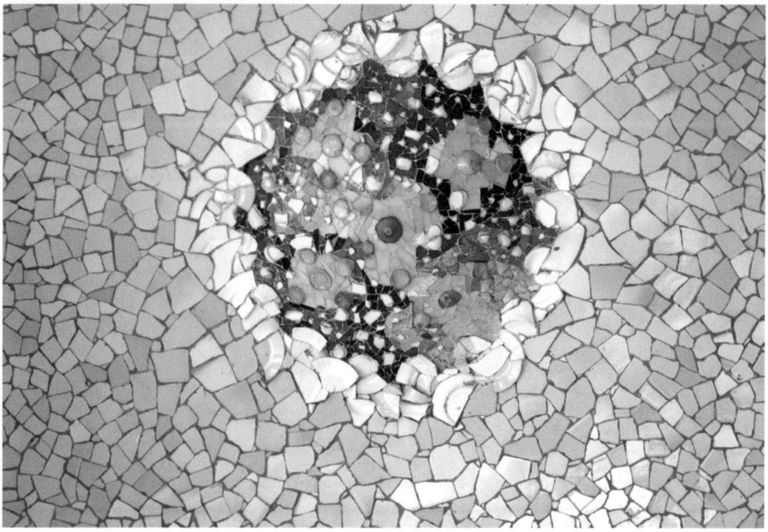

구엘 공원에서 본 바르셀로나 전경

마르코는 가우디 선생님을 따라 광장으로 올라간다. 마지막 계단을 딛고 뒤를 돌아본 마르코는 탁 트인 전경에 그만 말문이 막힌다.

스페인의 춤 플라멩고와 춤추는 의자

M 우와~~ 여기는 천국이군요.

파르나소스 산을 등지고 그리스식 신전 위에 서서 새로운 세계의 중심이 될 바르셀로나와 지중해를 바라보는 이 기분.

구엘 아저씨는 이곳에서 또 다른 신화를 만들고 싶었나 봐요.

G 그는 참 야망이 큰 사람이었지.

지금은 여기가 공원이 되었지만 원래는 바르셀로나에서 최고 부자들이 사는 전원주택단지로 만들려고 했거든.

M 주택단지요?

선생님 집 말고 다른 집은 안 보이는 거 같은데요?

G 허허허~ 그게 말이다. 처음에 여기를 60개 구역으로 나누고 분양을 했는데, 딱 두 군데만 팔렸지 뭐냐.

M 겨우 두 군데요? 그중 한 군데를 선생님이 사신 거구요?

G (겸연쩍게) 그렇단다.

M 그럼 나머지 한 군데는 누가 샀어요?

G 마르틴 트리아스라는 변호사가 샀지.

M (큭큭거리며 웃다가) 어~ 죄송해요.

원숭이도 나무에서 떨어질 때가 있다고, 대사업가인 구엘 아저씨도 사업에 실패할 때가 있었군요.

G 누구나 항상 성공하는 건 아니지 않니.

M 제 생각에는 이런 멋진 곳에 최고급 주택단지를 지으면 엄청 인기가 있었을 거 같은데 왜 실패했을까요?

G 지금은 도시가 커져서 이곳까지 교통이 발달했지만 그때만 해도 외진 곳이었지. 게다가 고도가 높은 경사지형에 물도 부족해서 주택단지로는 적당하지 않다고 생각했던 것 같구나.

M 하긴 지금 제가 보는 모습과는 많이 달랐을 테니까요.

G 그래도 구엘은 통이 큰 사업가답게 주택단지 사업을 과감히 접

었단다. 그러고는 이곳에 공원을 만들기로 결정했지.

M 역시! 결정도 화끈하게 내리시는군요.

G 원래대로 여기가 주택단지가 되었다면, 방금 보았던 신전의 기둥들 사이에는 물건을 파는 사람들이 앉아 있었을 거다.
원래는 입주자들을 위한 시장으로 계획되었던 곳이었거든.

M 그럼 여기는 문화 공연을 하는 광장이 되었겠네요.
아폴론 신전에서도 뒤편에 음악당이 있다고 하셨잖아요.

G (플라멩고 음악에 맞춰 춤을 추는 사람들을 가리키며) 저기를 보렴.
여기는 원래의 목적에 맞게 아주 잘 사용되고 있는 거 같지 않니?

M (음악에 맞춰 어깨를 들썩이며) 그런 것 같네요.
그리고 이건 좀 비약처럼 들릴지 모르지만 저 의자들도 춤을 추는 것 같아요. 플라멩고 춤을 추는 저 여인의 치맛자락처럼 보이기도 하구요.

G 녀석~ 갑자기 시인이 된 것 같구나.

M 그런데 그거 아세요?
선생님이 만드신 저 물결치는 의자가 세상에서 가장 긴 의자래요. 혹시 1등 하시려고 일부러 저만큼 길게 만드신 거예요?

G 허허허~ 미안하지만 난 1등 같은 거엔 별 관심이 없구나.
난 그저 주변 환경과 자연스럽게 어우러지면서도 의자라는 기능에 가장 적합한 형태를 찾고 싶었을 뿐이란다.

M 근데 아까 천장보다 더 심한 트렌카디스를 보여주시겠다고 하셨잖아요. 그게 혹시 이 의자를 두고 하신 말씀이셨어요?

구엘 공원의 물결치는 의자

G 왜 좀 부족하냐?

M 아니요. 여기서도 정말 너무 하신 거 맞네요.
셀 수 없이 다양한 색의 타일로 반복되는 문양 하나 없이 저렇게 다채롭게 굴곡진 면을 채우신 거잖아요.

G 그랬었지.

M 심지어 의자 뒷면까지 똑같이 작업하시고 말이죠.
진짜 못 말리십니다.

G 내가 원래 좀 못 말리는 구석이 있단다.
이 의자를 만들면서 있었던 우스운 일화 하나 말해주랴?
생각해 보거라. 이렇게 긴 의자에 타일을 붙이려면 얼마나 많은 도자기가 필요했을 거 같으냐?

M 산만큼 쌓아놓고 작업해야 할 거 같은데요?

G 그렇지? 그래서 내가 인부들에게 버려진 타일이나 그릇 조각 같은 것들을 최대한 모아오라고 했었거든.

그런데 그것만 가지고는 턱없이 부족한 거야.

M 그래서 어떻게 하셨어요?

G 타일 공장에 필요한 수량을 주문했지.

그랬더니 내가 주문한 타일들을 타일 공장에서 아주 잘 포장해서 왔더구나.

M 당연하죠. 최고로 잘 나가는 건축가에게 주문을 받은 건데 얼마나 신경이 쓰였겠어요.

G 그런데 배달하는 직원이 '혹시라도 깨지면 어쩌나' 하고 고이 들고 온 그 타일을 받자마자 바닥에 내동댕이쳐서 산산조각을 내 버렸지.

M (깜짝 놀라며) 네?

G 나는 멀쩡한 타일이 아니라 깨진 타일이 필요한 거였거든.

M 하하하~ 듣고 보니 진짜 그러네요. 그런데 그 배달 직원은 얼마나 놀랐을까요? 아주 사색이 되었겠는데요?

G 그랬겠지?

한참을 웃던 마르코와 가우디 선생님은 잠시 의자에 앉아 쉬어가기로 한다.

M 선생님 피곤하진 않으세요?

G 너랑 있어서 그런지 에너지가 넘치는구나.

M 선생님도 참~ 그런데 이 의자가 보기보다 되게 편하네요?

G 구불구불하니까 대충 만든 것처럼 보이더냐?

M 아니요~ 무엇 하나 대충 만들 분이 아니란 걸 저도 알거든요?

G 이 의자가 이래 봬도 인체공학적으로 만든 거란다. 앉았을 때 편안한 의자의 형태를 찾으려면 직접 앉아보는 게 최선이지 않겠니?

M 그렇겠죠?

G 그래서 나는 회반죽이 마르지 않은 의자 위에 옷을 벗은 인부를 앉혔지. 그러고는 몸의 형태에 딱 맞는 의자를 만들었단다.

M 헉! 옷을 벗고 앉아요? 진짜 선생님의 실험 정신은 언제나 상상 그 이상이군요.

G 다 쉬었으면 이제 슬슬 산책로 쪽으로 가볼까?

M 벌써요? 어떨 땐 저보다 체력이 더 좋으신 거 같다니까요.

마르코는 가우디 선생님을 따라 경사 기둥으로 둘러싸인 산책길을 천천히 걷는다. 상큼한 풀 내음을 맡으며 눈을 감기도 하고, 돌기둥 구멍에서 나가고 들어오기를 반복하는 새들의 모습을 빤히 바라보기도 한다.

기둥에 필요한 올바른 각도

M 저 구멍이 새들의 집인가 봐요.

G 혹시라도 새들이 이곳을 떠나면 어쩌나 해서 내가 만들어주었지.

M 새들은 자기들 집을 사람이 만들어줬다는 걸 모를 거 같은데요? 그리고 왠지 이 길도 처음부터 이렇게 생겼을 것만 같아요.

G 그러냐? 그렇다면 이 산책로를 아주 잘 만든 것 같구나. 내가 생각한 모습으로 만들어진 거니까 말이다.

M 어떤 모습으로 만들려고 하셨는데요?

G 되도록 이곳의 지형을 살려서 만들려고 했지. 원래 이곳의 주인이었던 자연의 모습이 훼손되지 않게 말이다.

M 그래서 이렇게 길이 구불구불하군요. 산책로 한복판에 저렇게 나무가 자라기도 하구요.

G 좀 이상하니?

M 아니요. 저는 이런 자연스러움이 좋아요.

구엘 공원 다리와 기둥

덕분에 천천히 걷게 되니까 마음에 여유가 생기는 것 같구요.

G 산책로는 산의 등고선을 따라 만들었단다.

나무가 자라고 있으면 그대로 두기도 하고 피해서 만들기도 하고 그랬지.

M 나무를 피하면서 산책로를 만드는 분은 처음 봤어요.

G 그래?

M 예전에 산을 깎아 공사하는 모습을 본 적이 있거든요.

나무를 베고 흙을 모조리 파내서 아파트도 만들고 공원도 만들고 그러더라구요. 아무리 말이 없는 산이라지만 살이 깎이는 것처럼 아프겠구나 싶었어요.

G 저런… 쯧쯧.

M 그에 비하면 선생님의 건축은 정말 자연 친화적이에요.

싸워서 이기려고 하기보다 함께 어우러지고 더불어 살아가려고 애쓰시잖아요.

G 자연을 아프게 하면 결국 그것이 사람에게 더 큰 고통으로 돌아온다는 걸 우리 모두가 알고 있지 않니.

M 맞아요. 선생님처럼 각자 자신의 삶 속에서 자연을 아끼고 보존하는 방법을 찾아야 하는데 그게 참 쉽지 않은 것 같아요.

마르코와 가우디 선생님은 한동안 말없이 걷는다. 어쩌면 이 공원에서는 자연을 있는 그대로 느끼고 마음에 담아가는 것이 가장 큰 배움이 아닐까 하고 마르코는 생각한다.

M 그런데 선생님. 지나오면서 보니까 길마다 기둥의 모양이나 양식이 다른 거 같아요.

G 그래? 어떻게 다른 거 같으냐?

M 음… 기둥을 똑바로 세워서 만든 곳이 있고 기울여서 만든 곳이 있었어요.

그리고 어떤 기둥은 회오리처럼 비틀리며 올라가고 또 어떤 기둥은 돌을 차곡차곡 쌓아서 만든 것 같던데요?

G 관찰력이 좋구나.

여기 다리와 기둥들은 지형에 따라 각기 다른 양식으로 만들었단다. 언덕의 경사에 따라 기둥을 똑바로 세우기도 하고 기울어지게도 만든 거지.

M 저는 이렇게 기울어진 다리 기둥을 처음 본 거 같아요.

벽도 기둥처럼 기울어져 있던데 혹시 무너지면 어떡해요?

G 허허허~ 무너지다니.

오히려 훨씬 안정적인걸?

M (의심스러운 표정으로) 안정적이라구요? 훨씬?

G 그렇단다. 믿지 못하겠다는 표정인데, 안 되겠구나.

(주머니에서 펜과 종이를 꺼내며) 여기를 한번 보자꾸나.

지금 우리가 지나가는 이 산책길과 위에 있는 다리를 그린 도면이란다.

M 맞아요. 방금 전에 지나온 곳이 이렇게 생겼었어요.

G 그럼 산 쪽에서 벽과 다리를 미는 힘이 대각선 방향으로 작용하겠지?

구엘 공원의 기울어진 기둥

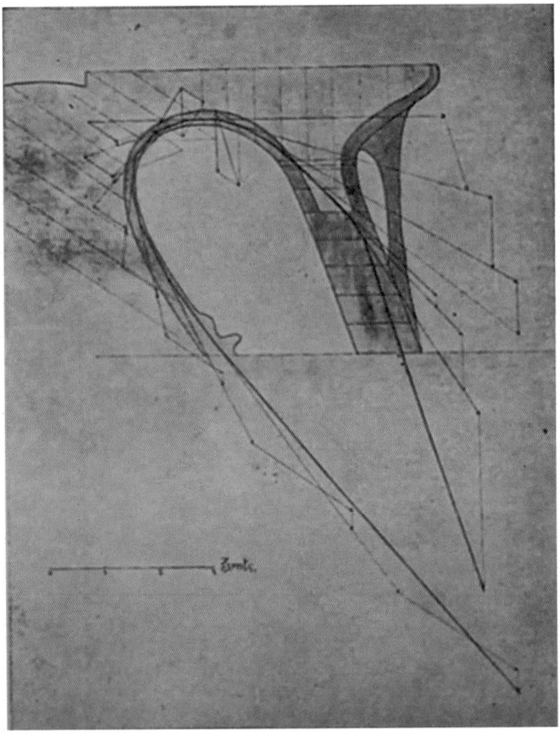

구엘 공원 다리의 경사도

M 그렇겠죠? 산에서 흙이 밀려오는 모습을 상상해보면 대각선 방향일 테니까요.

G 네가 벽에 손을 대고 그 힘을 막는다고 상상해 보거라.
똑바로 서서 막는 것과 몸을 기울여 막는 것 중에 어느 것이 나을 거 같으냐?

M 그야 벽 쪽으로 몸을 기울여서 막는 게 낫겠죠.
똑바로 서서 막으면 왠지 뒤로 넘어질 거 같거든요.

G 바로 그거란다.
산 쪽에서 넘어지려는 무게를 막으려면 수직으로 벽을 세우는 것보다 기울어진 벽으로 막는 것이 효과적이라는 거지.

M 아… 이해가 되네요.

G 지팡이도 마찬가지란다. 사람이 지팡이에 의지해 걷다 보면 땅과 지팡이가 어떤 각도를 이루게 된단다.

지금 내가 걸어볼 테니 잘 보거라.

가우디 선생님은 지팡이를 짚으며 걷고 마르코는 유심히 그 모습을 관찰한다.

M 음… 몇 도인지는 모르겠지만 살짝 기울어지는 것 같아요.

G 그렇지? 각도는 지형이나 지팡이의 길이에 따라 달라질 수 있단다. 그런데 한 가지 확실한 건 지팡이를 바닥과 수직이 되도록 짚고 다니는 경우는 드물다는 거야.

M 정말 그런 것 같네요.

G 기둥은 돌로 만든 지팡이란다.

사람이 편안하게 걷기 위해 지팡이를 짚을 때 지면과 어떤 각도를 이뤘지 않니. 기둥 역시 다리를 안정적으로 받쳐주려면 올바른 각도가 필요한 거란다.

M 올바른 각도요?

G 그렇지. 그 각도를 찾아내는 것.

그것이 건축가로서 내가 해야 하는 일이란다.

M 어떻게 지팡이를 보면서 기둥의 각도를 생각하실 수 있는지 저는 신기하기만 하네요.

G (손가락으로 다리 바깥쪽을 가리키며) 저기 펼쳐진 자연을 보려무나. 저 안에 건축의 모든 비밀이 숨어 있단다.

M 네? 자연에요?

G 자연에는 직각이라는 것이 없지.

수직으로 자라는 나무나 90도를 이루며 자라는 나뭇가지, 직각으로 깎인 돌 같은 것들을 본 적이 있니?

M 글쎄요.

나무들을 보면 삐뚤게 자라는 게 대부분이고, 똑바로 자란다고 해도 수직이라고 말하기는 어려울 거 같아요.

나뭇가지들도 90도로 뻗어 나가는 건 찾아보기가 어렵고, 돌멩이들은 거의 다 제멋대로 울퉁불퉁한데요?

G 그렇지. 자연을 잘 들여다보면 직각이 없듯이 직선도 찾아보기 힘들단다.

곡선은 자연이 만든 선이고 직선은 인간이 만든 선이거든.

M 크~~~ 되게 멋진 말이네요.

잊어버리기 전에 얼른 적어놔야겠어요.

G 허허허~ 녀석. 더 멋진 말을 해주랴?

M 네. 저 지금 적고 있어요.

G 자연은 신이 만든 건축물이란다.

인간은 신이 만든 위대한 건축물 속에서 작은 발견을 할 수 있을 뿐이지.

M 선생님이 자연을 연구하시는 이유가 바로 그거였군요.

G 그래. 자연으로 돌아가는 것.

나는 그것이 건축에 있어서 가장 좋은 해법이라고 생각한다. 동시에 가장 독창적일 수 있는 방법이기도 하고 말이지.

M 선생님의 건축 철학! 정말 멋지십니다.

G 멋있기는. 오늘은 그만하고 집으로 돌아가볼까?

M 네. 집이 가까우니까 정말 좋네요.

G 가는 길에 돌로 만든 다리 위에서 어떻게 꽃과 풀이 자랄 수 있는지에 대해 생각해보렴.

M 헉! 숙제예요?

G 숙제는 아니고 그냥 생각만 해보라고.

M 답은 알려주실 거죠?

G 허허허~ 글쎄다.

집으로 가는 길에 마르코는 선생님이 내주신 숙제를 열심히 고민해본다. 탐정 놀이를 하듯이 돌 틈을 가까이 바라보기도 하고 풀 사이를 뒤적거리며 뿌리를 찾아보기도 한다.

답을 찾은 것 같다는 생각에 흥분한 마르코가 선생님을 부르려는 순간. 선생님의 뒷모습에서 다가갈 수 없는 짙은 외로움과 쓸쓸함이 느껴진다. 혹시 14년이란 긴 세월을 구엘 공원에 바치고도 완성을 못 해서 아쉬우신가? 아니면 저 집에 살면서 떠나보낸 아버지와 조카 생각이 나신 걸까?

아무래도 오늘은 가우디 선생님을 즐겁게 해드릴 방법이 무엇인지 연구해봐야 할 것 같다.

· 여행 5일차 ·

장인정신이 예술을 부를 때

바트요 주택Casa Batlló
밀라 주택Casa Milà

GATE
11

SEAT
28A

FLIGHT
56C

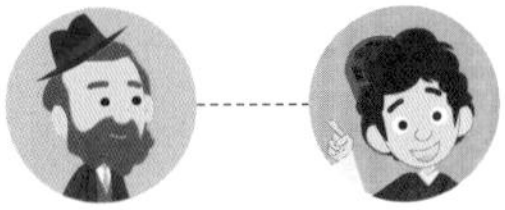

어느덧 여행이 막바지에 이르고 있다. 아침에 눈을 뜨면 새로 시작하는 오늘에 대한 기대감만큼이나 지나가버린 어제에 대한 아쉬움도 크다.

'다시 어제로 돌아가 구엘 공원을 더 천천히 여유롭게 돌아봤으면…'

'아니지, 구엘 궁전의 화려함에 다시 한번 취해보고 싶다.'

그때를 기다렸다는 듯이 좌뇌가 우뇌를 사정없이 때린다.

'마르코 정신 차려! 남은 시간이 3일밖에 없는데 아쉬워할 시간이 어디 있니?'

'빨리 일어나! 오늘을 즐겨!'

오늘을 즐기라구? 카르페 디엠(Carpe diem)?

그래! 이럴 시간이 없지.

마르코는 오늘도 힘차게, 즐겁게 시작해야겠다는 생각을 하며 문을 박차고 나간다.

M 올라(Hola)~ 선생님. 오늘은 기분이 좀 어떠세요?

G 기분? 아주 좋단다.

어제 저녁 성당 미사에 네가 동행해줘서 그런지 오늘은 더 평온하고 충만한 기분이구나.

M 그런 일이라면 백 번도 더 해드릴 수 있는걸요.

덕분에 저도 성당 구경하고 좋았어요.

G 그럼 오늘도 동행할 테냐?

M 당연하죠. 저희 일정에 성가족 성당도 있을 텐데, 성당에 대한 정보를 어느 정도는 알고 있어야 하지 않겠어요?

G 허허허~ 남은 일정을 아직 말해주지 않았는데 어떻게 알았을까?

M 어! 저를 너무 과소평가하시는 거 아니에요?
(가슴을 탕탕 치며) 저도 나름 수학적 추론이라는 걸 할 줄 아는 학생입니다.

G 그래? 그럼 어디 들어보자꾸나.
너의 수학적 추론으로 알아낸 우리의 일정을 말이다.

M 자~ 잘 들어보세요.
일단, 선생님이 우리의 여행은 시간의 순서에 따라 한다고 그랬어요. 맞죠?

G 그래, 맞구나.

M 그러니까 비센스 주택에서 시작된 우리의 여행은 선생님의 마지막 작품인 성가족 성당에서 끝나게 될 거예요.

G 흠… 동의한단다.
마지막 날 우리 일정이 성가족 성당이거든.

M 아직 안 끝났어요.
오늘과 내일의 일정도 추론을 해봐야죠.

G 계속해 보거라.

M 지금까지 우리가 갔던 곳들을 보면 모두 바르셀로나 시내에 있었어요. 비센스 주택, 구엘 별장, 구엘 궁전, 성 테레사 수녀원 학

교, 그리고 구엘 공원까지.

그러니까 오늘과 내일 볼 건물도 바르셀로나 시내에 있을 거예요.

G 그래서 어딜 갈 거 같으냐?

M 오늘은 칼베트 주택, 내일은 바트요 주택과 밀라 주택.

맞죠?

G 땡! 틀렸구나.

M 네? 왜 아니에요?

G 네가 말한 추론에서 두 번째 가정이 틀렸거든.

M 그럼 바르셀로나 시내를 벗어난 곳을 간단 말이에요?

G 그럴 예정이란다.

M 거기가 어디예요?

G 그걸 지금 말해줄 수는 없고 오늘 가는 곳만 말해주마.

M 에휴… 며칠 남지도 않았는데 그냥 다 가르쳐주시지.

그래서 오늘은 어딜 가는데요?

G 바트요 주택과 밀라 주택을 갈 거란다.

M 헤헤헤~ 그래도 바트요랑 밀라 주택을 하루에 가는 건 맞혔네요.

G 너의 추론 능력은 일단 인정하마. 그럼 슬슬 나가볼까?

M (절도 있게 경례를 하며) 예썰!

바트요와 밀라 주택은 오기 전부터 마르코의 심장을 심하게 떨리게 했던 곳이다. 상상 속에나 있을 것 같은 집들이 실제로 존재하다니… 조금만 있으면 사진 속 건물들이 눈앞에 나타날 거라는 설렘에 마르코의 발걸음은 한없이 가볍다.

스스로에게 까다로웠던 장인

M 저 고백할 게 있어요.

G 고백? 나한테?

M 네. 저 사실 선생님이 되게 무서운 분인 줄 알았어요.

G 근데 만나보니 아니더냐?

M 인자하시고 친절하시고 나름 유머도 있으신 거 같은데요?

G 내가? 허허허~ 좋게 봐주니 고맙구나.
그런데 나와 함께 작업했던 사람들한테 그 말을 하면 다들 안 믿을 게다.

M 왜요?

G 일할 때 보면 내 성격이 좀… 그렇거든.

M 지금이랑 달라져요? 지킬 박사와 하이드처럼요?

G 그 정도는 아니지만 지금과는 많이 다르단다. 공사 중에 있었던 인부들과의 불화가 신문에 소개될 정도였으니까.

M 아~ 인부들과 싸우셨어요?

G 싸웠다기보다는 잘못된 부분을 지적하고 수정하라고 지시했을 뿐이란다.

M 어떤 걸 수정하라고 하신 건데요?

G 이를테면 우리가 곧 보게 될 바트요 주택의 외벽 말이다.
어떤 타일 조각을 어디에 붙여야 하는지 작업 전에 내가 자세히 알려줬거든. 작업 중에도 건물 앞 차도에 서서 큰소리로 잘못된 부분을 지적해주고 말이다.

그런데도 미장공들은 엉뚱한 곳에 전혀 안 맞는 색깔의 타일을 붙이더구나.

M 그래서 화를 내셨군요.

G 잘못 붙인 타일들을 모두 떼고 다시 붙이라고 버럭 소리를 질렀지.

M 하하하~ 웃어서 죄송한데 그 사람들도 짜증이 나긴 했겠어요. 생각해보세요, 미장공들은 색깔과 크기가 같은 타일을 규칙적으로 붙이는 데 훨씬 익숙하잖아요.

G 그렇지.

M 그런 분들에게 색깔도 모양도 제각각인 깨진 타일 조각을 주면서 선생님의 머릿속에 있는 상상의 모습처럼 붙이라고 하니 얼마나 까다롭고 힘들었겠어요.

G 물론 그 사람들의 고충을 나도 모르진 않지.

그러나 나는 스스로 만족하는 건축물을 만들고 싶었어. 남보다 나 자신을 설득하는 일이 더 먼저라고 생각했거든.

M 그래서 완벽한 모습이 나올 때까지 최선을 다하셨던 거구요.

G 당연히 그래야지. 같이 일하는 사람들이야 피곤하겠지만 그건 어쩔 수 없는 일이란다.

M 선생님의 장인정신은 존경받을 만하네요.

저라도 선생님 같은 건축가에게 집을 맡기고 싶을 거 같아요.

G 그런 생각이 드냐? 하긴 바트요는 최고가 아니면 아예 쳐다보지도 않는 멋쟁이였지.

M 바트요 주택의 그 바트요 말씀이시죠?

G 그래. 바트요가 내게 주택 리모델링을 의뢰하면서 한 말이 있단다.

주변에 있는 어떤 건물보다 더 특별하고 돋보이는 집으로 만들어 달라고 했지.

M 보통 어려운 요구가 아니네요.

바트요 씨는 선생님이 그걸 해낼 수 있다고 생각하셨나 봐요.

G 날 믿고 부탁을 했으니 나는 최선을 다했어.

때로는 인부들과 소란을 일으키면서까지 말이다.

M 완성된 건물을 보고 바트요 씨는 만족해했나요?

G 다행히도 그랬던 것 같구나.

M 어! 저기 저 건물?

네모반듯하고 평평한 건물 숲 사이로 울퉁불퉁 튀어나온 건물이 하나 눈에 띈다. 유난히 쨍한 햇살 때문일까? 건물에서는 마치 빛이 뿜어

바트요 주택

져 나오는 듯도 하다.

신비한 분위기의 바트요 주택을 드디어 마주하게 된 마르코. 떨리는 마음을 애써 누르며 가만히 가우디 선생님의 팔을 잡는다.

인체와 건축물의 공통점

M 이 건물이 바로 바트요 주택이군요.

G 말해주지 않아도 한눈에 알아보는구나.

M 그럼요. 주변 건물들하고 분위기 자체가 다르잖아요.
문에서부터 창문, 발코니 같은 것들이 전부 구불구불하고 둥글둥글한 게 마치…

G 마치 뭐 같으냐?

M 출렁이는 바다 같기도 하고, 뼈만 남은 해골 같기도 하고…
글쎄요? 어떻게 상상하냐에 따라 다르게 보일 거 같은데요?

G 원래 예술 작품이란 작가의 의도보다 보는 사람의 해석이 중요한 법이잖니.

M 저 벽의 타일 조각들도 그냥 봤으면 '되게 멋지구나' 하고 말았을 텐데, 방금 해주신 얘기를 듣고 보니까 한 조각 한 조각이 모두 특별해 보이네요.

G 나와 함께했던 사람들의 땀과 정성이 묻어 있으니까 말이다.

M 잘 어울릴 것 같지 않은 색들이 모여 건물 전체에 생동감을 주고 있네요. 도대체 어떻게 색을 조합하신 거예요?

바트요 주택 외벽의 타일

G 대조와 조화의 원리란다.

조화는 다른 말로 균형이라고도 할 수 있지.

M 대조를 이용해서 균형을 이루게 한다는 게 잘 이해가 안 되는데요?

G 무엇이든 균형을 이루려면 대조가 필요하단다.

빛과 그림자, 오목과 볼록, 가볍고 무거운 것처럼 말이다.

M 아~ 양팔 저울에 올려진 추처럼 말이죠.

G 그렇지. 타일 작업도 마찬가지란다.

색의 대비를 잘 이용하면 건물에 조화와 생명력을 동시에 줄 수 있거든.

M 선생님은 건축의 작은 부분에까지 자신만의 철학을 가지고 계시군요. 그런데 저기 창살은 혹시 뼈 모양이에요? 설마 진짜 사람

사람의 뼈 모양 창살

의 뼈는 아니겠죠?

G 허허허~ 녀석. 그럴 리가 있겠니.

다른 건물에서 그랬던 것처럼 이 건물에도 여러 가지 상징들이 있단다. 이 뼈도 그중 하나고.

M 뭘까요? 이 뼈 모양 창살이 상징하는 게?

G 그건 옥상에 올라가서 생각해보는 게 좋을 것 같구나.

M 그런데 정말 정교하게 잘도 만드셨네요.

진짜 뼈라고 해도 믿겠어요.

G 그 정도냐?

M 네. 뭐 저도 사람 뼈를 직접 본 적은 없지만요.

G 사실 내가 건축학교를 다닐 때 인체 해부 실습 현장을 참관한 적이 있단다.

M 네? 왜요?

G 사람의 몸에서 뼈와 근육이 갖는 역할이 궁금했거든.

M 건축을 하는데 사람의 뼈랑 근육이 왜 궁금해요?

G 생각해 보거라.

건축을 한다는 건 아직 존재하지 않는 생명체를 탄생시키는 일과 같단다. 건축물도 사람처럼 뼈와 근육이 있어야 한다는 말이지.

부드러운 피부만 있고 뼈나 근육이 없으면 건물이 그 기능을 다 할 수 없겠지?

M 그렇다고 건축이 사람은 아니잖아요.

왜 굳이 해부 실습까지 참관해야 하는 건지 저는 잘 모르겠어요.

G 내가 인체 해부 실습을 참관하고 나서 크게 깨달은 게 하나 있단다.

M 그게 뭔데요?

G 건축의 이상적인 형태나 구조가 자연에 있다고 말한 적이 있지?

M 네, 구엘 공원을 산책하면서 말씀해주셨어요.

G 그런데 인간의 신체에도 마찬가지 원리가 숨어 있더구나.

나로서는 정말 놀라운 발견이었어.

결국 이상적인 건축을 하려면 인간의 신체를 잘 알아야 하는 거지.

M 에효… 훌륭한 건축가가 되려면 알아야 할 게 너무 많네요.

G 허허허~ 녀석.

나는 건축학교에 없던 미학과 철학, 인문학 강의를 들으려고 청강까지 했는걸? 그것도 다른 대학에 가서 말이다.

M 정말 못 말리십니다.

굳이 안 들어도 되는 강의를 다른 대학까지 가서 들으시고…

불량학생이라더니 아니셨네요.

G 원래 공부란 게 그렇잖니.

억지로 시키는 공부는 하기 싫지만 내가 궁금하고 좋아서 하는 공부는 재미있고 막 찾아서 하게 되고 말이다.

M 아! 맞아요. 저도 어떻게 하면 게임을 이길 수 있을까 고민할 때는 스스로 방법을 찾아서 연구를 하게 되더라구요. 하하하~

G 게임이든 게임이 아니든 나는 그런 경험 자체가 참 중요하다고 생각한단다.

자~ 그럼 이제 안으로 들어가볼까?

마르코와 가우디 선생님은 1층을 잠시 둘러본 다음 2층 거실로 올라간다.

자연의 선, 로그 나선과 아르키메데스 나선

M 뼈 모양 창문이 있던 곳이 바로 여기군요.

실내 분위기도 바깥에서 본 분위기와 크게 다르지 않은데요?

반듯한 직선은 찾아보기 어려워요.

G 바트요 씨 주문처럼 어디에서도 볼 수 없는 독창적인 건물을 만들기 위해 상상력을 마음껏 발휘해봤단다. 어떠냐?

M 정말 놀라워요.

어떤 살아 있는 생명체 안에 제가 들어와 있는 것 같아요.

회오리치는 바트요 주택 천장

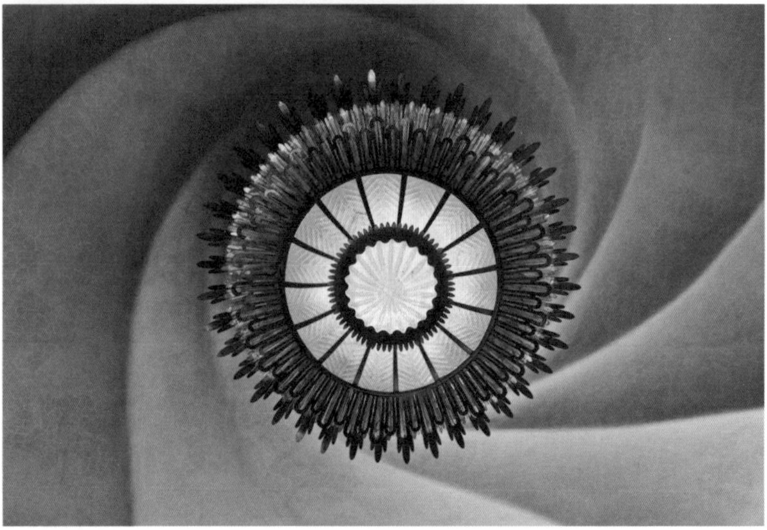

창문도 난간도 벽과 기둥도 모두 살아 움직이는 거 같구요.

어! 천장 좀 보세요.

G (고개를 들어 천장을 보며) 허허~

하긴 천장을 놓치면 안 되지.

M 가운데 등을 중심으로 천장이 회오리치며 돌아가고 있는데요?

저런 아이디어는 도대체 어디서 얻으신 거예요?

G 잘 생각해보렴.

너도 어디선가 저런 모양의 나선을 본 적이 있을 거다.

M (골똘히 생각에 잠기다가) 음…

어릴 때 시골에서 봤던 고사리랑 달팽이, 그리고 바닷가에서 주웠던 소라껍데기에도 저런 비슷한 나선이 있었어요.

아! 그리고 태풍이나 우주의 모양도 나선이었던 거 같아요.

G 많이 알고 있구나. 그런데 네가 방금 말한 나선들이 모두 같은 종류의 모양은 아닌 거 같구나.

M 나선에도 종류가 있어요?

G 그럼.

M 어떤 종류가 있는데요?

G 사실 자연에서 발견되는 나선을 수학적인 기준으로 정확하게 나누는 것은 불가능할 수도 있겠구나.

그래도 편의상 분류를 하자면 크게 두 가지로 나눌 수 있단다.

하나는 로그 나선이고 또 하나는 아르키메데스 나선이지.

(주머니에서 종이와 펜을 꺼내며) 그림으로 그리면 이렇게 되겠구나.

로그 나선

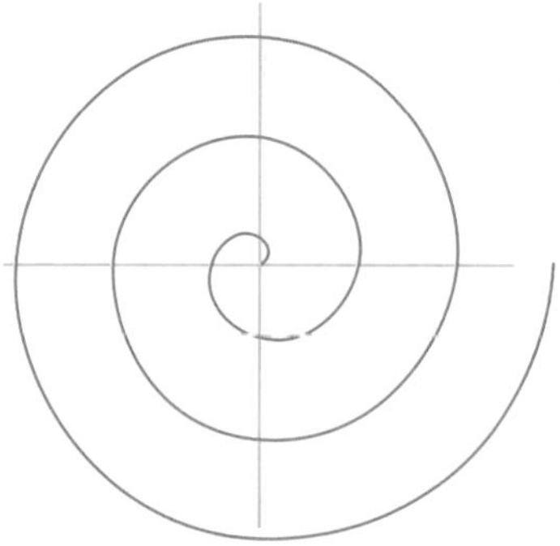

아르키메데스 나선

M 로그 나선은 폭이 점점 커지면서 돌아가네요.
아르키메데스 나선은 일정한 폭으로 돌아가구요.

G 그렇지.

M 그럼 제가 말한 고사리, 달팽이, 소라껍데기, 태풍, 우주도 저 두 가지 종류로 분류할 수 있다는 건데…
혹시 고사리만 빼고 다 같은 종류의 나선인가요?

G 글쎄다. 고사리는 무슨 나선인 거 같으냐?

M 아르키메데스 나선에 가까워요.
다른 것들은 로그 나선인 거 같구요.

G 그렇지?
실제로 자연에서 발견되는 나선들 중에는 로그 나선이 많단다.

M 왜 그럴까요?

G 안에서 밖으로 두 나선을 그린다고 생각해보자.
그러면 아르키메데스 나선은 일정한 간격을 유지하면서 커지겠지? 로그 나선은 간격이 점점 벌어지면서 커지고 말이다.

M 그렇죠.

자연에서 발견할 수 있는 다양한 나선

G 이번엔 거꾸로 바깥에서 안쪽으로 나선을 그려보자꾸나. 그러면 어떻게 되겠니?

M 어떻게 되긴요? 아까랑 반대가 되겠죠.

G 여기서, 아까랑 달라지는 게 있단다.

M 뭐가 달라져요?

G 아르키메데스 나선은 어느 순간이 되면 더 이상 그릴 수 없게 된단다. 일정한 간격을 확보할 수 없게 되면 멈추는 거지.

M 아~ 그렇겠네요. 그럼 로그 나선은요?

G 로그 나선은 계속해서 그릴 수 있단다. 나선의 크기가 일정한 비율로 줄어들기 때문에 이론적으로는 무한히 그릴 수 있거든.

M 비슷해 보이는데 아주 큰 차이가 있네요.

그럼 자연은 그 무한하다는 성질 때문에 로그 나선을 더 좋아하는 건가요?

G 글쎄다.

자연은 말이 없으니 그 이유를 분명히 알 수는 없겠지.

M 하긴 그 이유를 누가 알 수 있겠어요.

G 다만 자연 속에는 로그 나선 속의 무한처럼 우리가 모르는 수많은 비밀들이 숨어 있는 거 같구나.

세제곱에 비례하는 달팽이의 성장 원리

M 흠… 달팽이는 알고 있을지도 몰라요. 로그 나선의 비밀을요.

G 과연 그럴까?

내 생각엔 달팽이도 모르고 만들었을 것 같은데?

M 달팽이 껍질이 로그 나선처럼 자라는 데는 뭔가 이유가 있을 거잖아요. 말이 안 통해서 그렇지 알고 있을지도 몰라요.

G 그냥 자연스럽게 자라다 보니 로그 나선이 된 게 아닐까?

M 자연스럽게 자란다?

그 말은 가장 효율적인 방법으로 성장한다는 거겠죠?

G 그렇지. 자연은 항상 최적의 방법을 선택하니까 말이다.

M 달팽이가 자라면서 몸이 커지고, 또 그 몸에 맞춰서 껍질을 늘리고… (손으로 턱을 괴고 있다가) 그런데 선생님!

달팽이 몸은 어떻게 커질까요?

G 어떻게 커지냐니 그게 무슨 말이냐?

M 그러니까 저를 예로 들면, 어릴 때 키 1센티미터 자라는 거하고 지금 1센티미터 자라는 게 다르잖아요.

어릴 때는 키가 1센티미터 자라도 몸무게가 크게 안 늘었는데, 지금은 1센티미터만 자라도 몸무게가 부쩍 늘어나거든요.

G 성장하면서 몸무게나 부피가 어떻게 변하는지 궁금한 거로구나.

M 네! 바로 그거예요.

G 동물의 성장은 부피와 무게의 변화를 동반하지.

만약 같은 모습으로 커진다고 하면 몸의 부피나 무게는 세제곱에 비례해서 늘어난다고 보는 게 맞을 거 같구나.

M 아~ 『걸리버 여행기』라는 책에서도 본 거 같아요.

소인국 사람들이 걸리버에게 옷과 음식을 주는데, 걸리버 키가 12배라서 옷은 12의 제곱, 음식은 12의 세제곱만큼 필요했다는 이야기 말이에요.

G 그래. 그걸 떠올리면 쉽겠구나.

M 결국 달팽이는 성장할 때 몸의 부피가 세제곱에 비례해서 늘어나니까 그에 맞춰서 껍데기를 점점 크게 만들었던 거군요.

G 그렇게 만들다 보니 로그 나선이 된 것이고 말이다.

M 오~ 정말 놀라운 발견인데요?

선생님 말씀처럼 자연은 정말 위대한 거 같아요.

G 허허허~ 저녁에 집에 가면 로그 나선을 어떻게 그릴 수 있는지도 한번 알아보거라.

M 로그 나선을 그리는데 특별한 방법이 필요한가요?

G 당연하지.

M 아~ 선생님. 또 숙제를 내주시네요.

힌트를 좀 주시면 안 돼요?

G 힌드라… 피보나치 수열을 알면 그걸 이용해서 황금사각형들을 연속해 그릴 수 있지.

거기까지만 그리면 로그 나선은 완성한 거나 다름없단다.

M 피보나치 수열하고 황금사각형이요?

잊어버리기 전에 적어놓고 집에 가서 찾아봐야겠어요.

G 황금나선도 하나 더 적어놓으렴.

로그 나선을 다른 말로 황금나선이라고도 하거든.

M 아싸! 검색어는 많으면 많을수록 좋지요.

G 그럼 또 올라가 보자꾸나.

마르코는 울퉁불퉁한 뼈마디 같은 계단 난간의 질감이 마음에 든다. 안뜰을 장식하는 타일의 색깔이 올라갈수록 진해지는 것도 신기하다. 혹시 깊이에 따라 달라지는 바다색을 상상하며 만드신 건가? 선생님을 따라다니다 보니 이젠 모든 게 예전과 다르게 보이는 것 같다.

빛을 계산하다

M 선생님~ 올라가다 보니까 타일 색깔이 조금씩 바뀌는 거 같아요. 아래는 흰색 타일이었던 거 같은데 위로 올라오니까 진한 청

바트요 주택의 타일과 창문

색이 되었는데요?

G 그래, 맞다. 내가 여기 벽면을 마감할 때 다섯 가지 명도를 가진 타일을 사용했거든.

M 왜요?

G 아래층은 아무래도 위층보다 빛이 덜 들어올 수밖에 없지 않니. 그러니까 아래층에 빛을 많이 들여보내려면 반사율이 높은 밝은 색 타일을 붙이는 게 좋겠지?

M 중간층은 적당한 빛이 들어오게 중간 색깔의 타일을 쓰구요?

G 그렇지.

M 와~ 저 사실 아래층에서 올려다볼 때는 몰랐거든요. 타일 색이 변하고 있다는 걸요.

G 아래에서 보면 그냥 연한 푸른색으로 보였을 거다.

M 그런데 올라가면서 보니까 어느 순간 다르게 보이더라구요.

G 허허허~ 빛의 반사율을 잘 계산해서 타일을 붙이면 그렇게 보인단다.

M 정말 감쪽같네요. 그런데 창문의 크기도 위로 갈수록 작아지는 거 같은데, 맞나요?

G 그것도 맞단다.

창문의 크기 역시 빛의 양에 따라 다르게 만들었지.

M 빛의 반사율처럼 창문의 크기도 계산하셨나 봐요.

G 당연하지. 저 위 옥상에 채광창 보이니?

M 투명한 덮개 말씀이시죠?

G 그래. 그곳에서 들어오는 빛을 1층에서도 충분히 받으려면 창문의 크기를 어떻게 만들어야 하겠니?

M 위층보다 크게 만들어야겠죠?

G 그렇지. 아래로 갈수록 창은 더 크게, 타일 색은 더 밝게 만들어야 하는 거지.

M 선생님도 참 고집스러우시네요.

G 고집스럽다구?

M 보통은 그냥 똑같이 만들잖아요. 창문도 타일도.

그게 편하기도 하고 돈도 적게 들 테니까요.

G 그렇긴 하지.

M 그런데 그걸 층마다 다 다르게 만드신 거잖아요.

심지어 계산까지 해가면서 말이죠.

G 아까 말하지 않았니.

건축할 때는 내 성격이 좀 까다로워진다고 말이야.

M 외벽의 타일만 그렇게 깐깐하게 신경 쓰신 게 아니셨군요.

G 허허허~ 그럼 또 뭘 보여줄까?

이곳에도 성 테레사 수녀원에서 본 것과 비슷한 포물선 아치가 있는데 보고 가겠니?

M 당연하죠. 선생님은 똑같은 포물선 아치는 안 만드셨을 거잖아요.

G 그럼 다락방으로 가자꾸나.

M (다락방에 들어서며) 오~ 여기도 멋지네요.

그런데 성 테레사 수녀원 아치들보다는 키가 작아요.

그래서 그런가? 더 아늑한 느낌이 들어요.

G 그러냐?

M (복도의 아치를 보며) 여기 아치들은 한쪽이 잘렸네요?

G 비대칭으로 만들어봤지.

포물선의 일부가 벽에 녹아든 것처럼 말이다.

M 선생님은 뭐든 변형을 하지 않으면 재미가 없으신가 봐요.

G 허허허~ 솔직히 그렇단다.

옥상은 또 어떻게 변했을까 궁금하지 않으냐?

M 무척이요.

마르코는 선생님을 따라 바트요 주택의 옥상으로 올라간다. 상큼하게 불어오는 바람을 맞으며 올라선 옥상에서 마르코의 눈은 휘둥그레진다.

M 어! 저기 입체 십자가!

바트요 주택의 비대칭 포물선 아치

바트요 주택의 입체 십자가

설탕을 휘저어 만든 머랭처럼 생겼는데요?

G 녀석~ 배가 고픈가 보구나.

M 사실 아까부터 배고팠어요.

G 얼른 보고 내려가야겠구나.

M 아직 아니에요. 저 굴뚝도 봐야죠.

굴뚝 모양이 꼭 창과 방패 같은데요.

그런데 그 뒤에 갈색으로 뒤덮인 산 같은 건 뭐죠?

G 무엇처럼 보이니?

M 글쎄요. 커다란 동물의 등줄기 같기도 하고…

G 아까 내가 이곳에도 여러 가지 상징이 있다고 했던 거 기억나니?

M 아~ 그럼 저건 혹시 용의 등줄기?

G 왜 하필 용이라고 생각한 거냐?

M 선생님의 다른 건물에서도 용이 여러 번 등장했잖아요.

G 그랬지.

M 만약 그렇다면 저 동글동글한 도자기들은 척추의 뼈마디 같은데요?

G 그럼 아까 2층 창문에서 봤던 뼈 모양은 뭐였을 거 같으냐?

M 부릉부릉~ 상상력을 한껏 부풀려볼까요?

G 허허허~ 한번 실력을 발휘해보려무나.

M 이 집은 커다란 용이고 지금까지 저는 용의 몸속을 탐험했던 거예요. 그럼 혹시 2층 창문에서 본 건 용에게 잡아먹힌 사람들의 뼈?

웁스! 아무래도 제 상상력이 너무 멀리 갔나 봐요. 하하하~

G 재미있는 상상이구나.

이제 그만 밀라 주택으로 가볼까?

마르코와 가우디 선생님은 점심을 먹고 밀라 주택으로 향한다.

사실 내색은 안 하지만 '선생님이 혹시 나 때문에 힘들면 어쩌나' 하고 마르코는 계속 안절부절못한다.

바트요 주택에서 밀라 주택까지는 걸어서 10여 분.

멀지 않아 다행이라고 생각하면서 마르코는 마음을 쓸어내린다.

1:10 축척으로 그린 밀라 주택 도면

M 가까워서 좋네요.

G 겨우 세 블록 떨어져 있으니까.

M 사실 저 아침에도 이 건물을 봤어요.

선생님과 얘기를 하면서 지나가는데도 밀라 주택이 눈에 확 들어오더라구요.

G 그랬구나.

M 선생님 건물은 어디서나 시선을 끄는 마력이 있는 것 같아요.

G 아까 봤던 바트요 주택하고는 좀 다르지?

M 완전히 새롭네요.

바트요 주택이 바다였다면, 밀라 주택은 산이나 바위 같아요.

그런데 건물의 벽은 진짜 돌이에요?

밀라 주택

G 그럼. 안쪽에 철골 구조를 세우고 그 바깥에 돌을 입히는 방식으로 마감했지.

M 돌로 저렇게 부드러운 곡선을 만든다구요?
(고개를 가로저으며) 말도 안 돼.

G 각각의 돌을 물결처럼 연결하는 작업은 아주 복잡하고 힘든 일이란다. 돌과 돌이 만나는 부분이 매끄럽지 않으면 일일이 갈아서 맞춰야 하거든.

M 어휴… 뭐 하나 쉽게 하시는 게 없네요.
그냥 평평하게 만드시지 왜 저렇게 곡선 형태로 만드신 거예요?

G 여기서 잘 보이진 않지만 저기 멀리 두 개의 산이 있단다.
티비다보(Tibidabo) 산과 콜세롤라(Collserola) 산인데, 그 산의 곡선과 어울리게 하고 싶었지.

M 그런 깊은 뜻이… 사람들은 그것도 모르고 이 건물을 채석장이네, 벌집이네, 고기파이네 하고 놀리듯 부르던데요.

G 그뿐이냐? 바트요 주택을 두고는 너무 자극적이고 해괴망측하다며 비난을 해댔지.

M 아우 답답해. 사람들에게 설명을 좀 해주시지 그러셨어요.
이 건물의 모티브가 뭔지, 어떤 점이 기존의 건축과 다른지 등등을 말이죠.

G (단호하게) 됐다.
건축가는 말이 아니라 행동으로, 건축물로 설명해야 하는 게야.

M 하여간 고집불통이시라니깐.
그럼 저한테 설명해주세요. 이 건물을 어떻게 설계하고 지으셨는지. 그러면 제가 잘 듣고 여러 사람에게 알려줄 테니까요.

G 허허허~ 그래 주련?

M 또 알아요? 제가 나중에 건축가가 돼서 선생님에 관한 책을 쓸지도 모르잖아요.

G 그래? 가만 있어 보자. 여기가 공동 주택이라는 건 알고 있지?

M 당연하죠.

G 밀라 주택에는 두 개의 안뜰이 있단다.
하나는 원형이고, 다른 하나는 타원형인데 건물 곳곳에 햇빛이 스며들게 하는 역할을 하지.

M 건물의 단면을 그려보면 구멍이 두 개인 도너츠 모양이겠네요?

G 구멍이 두 개인 도너츠도 있더냐? 허허~
여튼 이 건물은 교차로에 지어져서 두 면이 환하게 트이는 장점

밀라 주택의 안뜰

이 있단다. 나는 그 점을 한껏 활용해서 모퉁이를 없애버렸지. 그리고 완만한 곡선을 그리는 하나의 면으로 건물을 만들어버렸단다.

M 건물 전체가 하나의 면이라니… 정말 혁신적인 디자인 같아요. 지금도 이런 건물은 찾아보기 힘들거든요. 그러니 선생님이 살던 시대는 말할 것도 없겠죠.

G 혁신에는 항상 위험이 따라다니지. 건축에서는 무엇보다 안전이 중요하기 때문에 철저한 검증과 계산이 필요하단다.

M 그렇죠. 아무리 멋진 건물도 무너지면 안 되니까요.

G 밀라 주택을 구상하며 내가 제일 먼저 한 일은 모형을 만든 것이란다. 그런 다음 건물의 공간을 확인하기 위해 축척이 1:10인 도면을 그렸지.

M 모형 만들기가 먼저라구요? 도면 그리기가 먼저 아니구요?

G 나에겐 설계도보다 석고 모형이 더 중요하거든.
석고 모형은 살아 있는 도면이라고 할 수 있단다.

M 아… 그것도 독특하네요.
여하간 축척을 1:10으로 그리면 그림 크기도 꽤 크겠는데요?
지금 이 건물의 높이가 대략 30미터 정도니까 도면으로 그리면 3미터 정도 되는 거잖아요.

G 그렇지. 그렇다면 1:10 축척인 도면으로 건물 표면과 부피에 대한 계산도 가능하겠지?

M 아까 『걸리버 여행기』에서처럼 표면의 넓이는 10의 제곱, 부피는 10의 세제곱으로 계산하면 되겠네요.

G 하나를 가르치면 열 개를 척척 알아내니 가르치는 보람이 있구나.

M 제가 좀 똑똑한 학생이거든요. 하하~

G 그럼 이제 내부를 구경하러 들어가 보자꾸나.

M 네~ 선생님.

마르코는 해초처럼 생긴 발코니의 철제 장식과 물거품처럼 너울거리는 정문을 번갈아 바라보다가 안으로 들어간다.

'다시 바닷속으로 들어가는 건가?' 하는 생각도 잠시. 회백색의 외관과는 달리 벽화가 그려진 실내는 사뭇 다른 분위기가 느껴진다. 마르코는 단조로운 듯 변화무쌍한 건물이란 생각을 하며 이 방 저 방을 둘러본다.

M 선생님, 이 건물이 당시에는 최신식 건물이었다면서요?

G 그럼. 중앙난방과 온수시설, 지하주차장에다가 전기 엘리베이터까지 있었으니 최고급 빌라였지.

M 밀라 씨의 임대 사업이 아주 잘 되었겠는데요?

G 기대했던 만큼 잘되지는 않았단다.

밀라 부부도 이 건물을 그렇게 마음에 들어하지 않았고 말이다.

M 세상에나. 어떻게 선생님 작품을 좋아하지 않을 수 있죠?

G 밀라는 바트요 주택 같은 화려한 건물을 기대했던 모양이다.

바트요 주택 공사를 할 때 바로 옆에서 내내 지켜보다가 의뢰를 했었거든.

M 바트요 주택을 보고 의뢰를 한 거라면 그랬을지도 모르겠네요.

바트요 씨는 처음부터 독특하고 화려한 건물을 지어달라고 했었잖아요.

G 그렇지만 나의 계획은 달랐지.

M 건축주의 생각을 알면서도 계획을 다르게 했다구요?

G 나는 이 건물을 성모 마리아를 기념하는 건축물로 지으려 했단다. 당시에 바르셀로나에는 성스러운 기념물이 없었거든.

M 개인의 주택을 종교적 상징물로 짓는 건 좀 조심스러운 일일 거 같은데요? 건축주의 허락도 있어야 할 거 같구요.

G 허락을 구하려고 했었지. 그런데 끝끝내 나의 요구를 수용하지 못하겠다고 하더구나.

결국 나는 이 건물의 완성을 눈앞에 두고 손을 떼어버렸지.

M 그럼 밀라 주택은 미완성의 상태인 거예요?

G 나에게는 그렇단다.

우리 옥상에 올라가서 마저 얘기를 해볼까?

마르코는 가우디 선생님을 따라 곧장 옥상으로 올라온다. 그러고는 눈앞에 펼쳐진 광경을 보며 탄성을 지른다.

비극의 주

M 와~ 옥상 장식의 끝판왕이네요.

마치 조각 공원에 온 거 같아요. 곡선을 이용해서 이렇게 아름다운 굴뚝과 환기구들을 만들 수 있다니.

(미로 같은 옥상을 돌면서) 이건 입체 십자가, 저건 외계인 그리고… 엇! 저건 우주 악당인가요?

G 우주 악당?

M 〈스타워즈〉라는 우주 전쟁 영화가 있거든요.

거기에 악당이 나오는데 그 캐릭터가 선생님이 만드신 저 투구 쓴 병사를 보고 영감받은 거래요.

G 굴뚝을 만든 나보다 그걸 캐릭터로 재탄생시킨 사람이 더 대단한 거 같구나.

M 아니죠. 원작자가 더 대단하죠.

밀라 주택의 옥상

투구 쓴 병사 모양의 굴뚝

여튼 아까 올라가서 해주시겠다던 얘기가 뭐예요?

G 원래 내가 완성하고자 했던 이 건물의 모습을 말해주려고 했지.

M 애초 이 건물의 계획이요?

G 그래. 내 계획대로였다면 이곳 옥상에는 예수를 안고 있는 성모상과 두 명의 대천사상이 세워져야 했단다.

M 여기에요?

그러면 지금까지 본 건물은 그 조각상들을 올리기 위한 몸통, 그러니까 받침대였던 거예요?

G 사실은 그렇지.

M 아… 좀 충격적이네요.

그런데 그분들은 왜 선생님의 계획에 반대를 했을까요?

G 1909년이구나. 그 일이 있었던 게.

M 무슨 일이 있었는데요?

G '비극의 주'라고 불리는 사건이란다.

그 당시 사람들은 노동자를 착취해 자기 배만 불리는 자본가들과 타락한 종교인들에게 화가 나 있었단다.

분노가 쌓인 노동자들은 결국 파업을 하고 거리로 뛰쳐나와 바르셀로나 거리에 있는 부자들의 건물에 불을 질렀지.

종교 건물들도 피해갈 수 없었고 말이다.

M 애써 지은 건물들을 불태웠다고요?

G 그렇단다.

그때 밀라 주택은 공사가 거의 마무리 단계에 있었거든.

그런데 부자들의 건물과 종교 건물이 불태워지는 것을 본 밀라 부부는 겁이 났던 게야.

M 아… 그래서 성모상과 천사상을 올리지 말자고 했던 거군요.

종교적인 건물이라고 불을 지를까봐요.

G 그렇지.

M 이해가 안 되는 건 아니네요.

G 그러나 나에겐 그 건물을 짓는 목적이 사라진 거나 다름없었지.

M 선생님 입장도 이해가 되고요.

그나저나 선생님이 지으신 다른 건물들은 무사했나요?

G 다행스럽게도 그랬단다.

M 아… 운이 좋았던 건가요?

G 그간 나와 함께 건축일을 했던 여러 노동자들이 불타는 것을 막아주었지. 내 성격이 괴팍하긴 해도 현장에서는 항상 말보다 실천으로 보여주지 않니. 그래서인지 사람들이 나를 많이 따랐단다. 감사한 일이었지.

M 선생님의 장인정신이 결정적인 순간에 빛을 발했나 봐요.

G 그 일이 있은 후로 나는 더 이상 돈이나 명예를 쫓지 않기로 했어. 남은 삶을 더 숭고한 목적을 위해 바치기로 마음먹었지.

M 그럼 이 밀라 주택 이후로는 개인 주택을 안 지으신 거예요?

G 그렇단다.

M 아쉬워하는 부자들도 있었겠어요.

G 그래도 할 수 없지.

우리 옥상으로 올라오느라 다락방을 못 봤는데 보고 가야겠지?

M 당연하죠.

선생님이 지으신 마지막 주택인데 빠짐없이 다 보고 가야죠.

G 그래. 그럼 가보자꾸나.

가서 엄청나게 많은 포물선 아치에 놀라지 말고.

M 얼마나 많길래요? 저는 다 셀 수 있어요.

지난번에 구엘 궁전 천장의 구멍 개수랑 구엘 공원 다주실의 기둥 개수 셌던 거 보셨잖아요.

G 그거랑은 차원이 다른데?

M 몇 개나 되길래요?

G 무려 270개란다.

M 270개요?

그건 못 세겠네요. 하하하~

G 녀석. 포기도 빠르구나.

가서 여러 겹의 포물선 아치를 연결하면 지붕이 얼마나 튼튼하게 지탱되는지만 보고 가자꾸나.

M 좋아요.

그토록 보고 싶었던 두 개의 건물을 모두 보고 온 마르코는 다른 날보다 더 뿌듯하고 흥분된 상태가 되어 집으로 돌아간다.

마지막 타일 조각 하나까지도 완벽하게 붙이고 싶었던 마음. 자신이 상상한 모습 그대로 집을 짓고 싶다는 생각에 온갖 공부를 마다하지 않았던 열정.

선생님과 함께 다니다 보면 건축뿐 아니라 삶의 자세까지 배울 것이 많다고 마르코는 생각한다. 밀라 주택이 가우디 선생님의 마지막 개인 주택이라는 사실이 좀 아쉽고 놀라웠지만 거기서 멈출 분이 아니라는 걸 알기에 내일의 여행이 더욱 기대된다.

· 여행 6일차 ·

본질을 알고자 한 호기심

콜로니아 구엘 성당

Cripta de la Colonia Güell

GATE 11

SEAT 28A

FLIGHT 56C

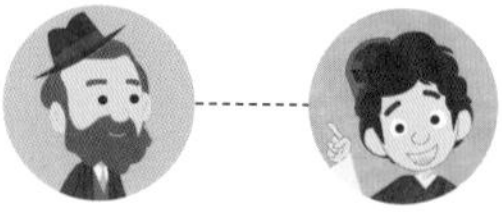

"내일은 멀리 가야 하니 일찍 자거라."

선생님 말씀처럼 어제 저녁에는 평소보다 일찍 잠자리에 들었다. 새벽같이 일어나 짐도 꼼꼼하게 챙겼다. 얼마나 멀리 가는지 알 수가 없으니 어디를 가는 건지 감조차 잡히지 않는 상황.

'가보면 알게 되겠지.'

마르코는 더 이상 초조하거나 불안해하지 않는다.

'그새 여유가 생긴 건가?'

선생님을 따라 여행을 하다 보면 하루가 끝날 즈음엔 아침에 출발할 때보다 부쩍 성장한 모습으로 돌아오게 되는 것 같아 신기하다. 여행 일정을 가르쳐주지 않았다는 걸 핑계 삼아 별 준비도 없이 왔는데도 말이다. 정말이지 가우디 선생님과 함께하는 여행은 마법 같은 매력이 있는 것 같다.

G 마르코, 준비되었느냐?

M 네. 준비는 다 되었어요.
아직 어둑어둑한데 지금 출발하는 거예요?

G 조금 일찍 가야 고요하고 한적한 분위기를 느낄 수 있을 것 같아서 말이다.

M 고요하고 한적한 곳이라… 저희 오늘은 어디 가는 거예요?

G 콜로니아 구엘 성당에 갈 거란다.

M 구엘 성당요? 앗!

G 왜 그러냐?

M 이제 생각났어요.

G 뭐가 말이냐?

M 테레사 수녀원 학교 가던 날 선생님이 콜로니아 구엘 성당도 저희 일정에 포함되어 있다고 하셨던 말씀이요.

G 허허허~ 이제 기억이 난 거냐?

M 듣고 나니까 생각이 나네요. 에구~ 바보.

G 아무렴 어떠냐. 어서 출발하자꾸나.

M 네~ 출발하시죠.

구엘 성당을 간다는데 마르코는 그곳에 대해 별로 아는 게 없다.

'질문도 아는 사람이 한다더니 딱 그런 상황이네.'

'1시간 넘게 가야 한다는데 이 귀중한 시간을 어떻게 보내야 하지?'

선생님과 보낼 수 있는 시간이 얼마 없다는 생각에 초조해진 마르코. 고민 끝에 인생 상담을 시도해본다.

즉흥곡의 비밀

M 선생님 피곤하세요?

G 아니. 괜찮은데. 왜 그러냐?

M 제 고민을 함께 나눠주실 수 있으신가 하구요.

G 고민이 많구나. 하긴 그럴 나이긴 하지.
나이 든 사람의 조언이 도움이 될지 모르겠지만 한번 말해보려무나.

M 선생님처럼 천재라고 불리는 분들은 모르실 수도 있는데, 저는 공부가 너무 어렵거든요. 어떻게 하면 잘할 수 있을까요?

G 내가 천재라구? 누가 그러더냐?

M 사람들이 다 그러던데요.

G 그건 나를 잘 몰라서 하는 말이란다.

M 그럼 아니에요?

G 그래. 내가 얼마나 지독하게 노력하는 사람인지 알면 놀랄 게다.

M 어떤 노력을 하셨는데요?

G 건축학교 다니던 시절에는 틈만 나면 도서관을 찾았단다.
교수들의 진부한 강의를 듣는 것보다 책에서 배우는 게 훨씬 많았거든.

M 지난번에 스스로를 불량학생이라고 하셨잖아요.

G 교수들 눈에는 그렇게 보였을 거라는 거지.

M 그래서 주로 어떤 책을 보셨는데요?

G 학교 수업에서는 건축의 구조와 설계에서부터 건축 디자인, 재료역학, 건축법과 제도법 같은 것들을 배우거든.
그 내용을 다시 살펴보기도 하고 강의로는 배우기 어려운 내용을 찾아서 보기도 했지.

M 강의로 배우기 어려운 내용이요?

어떤 거였는데요?

G 인도나 이집트, 로마, 모로코의 건축물을 다룬 책이나 건축 철학, 미학 같은 내용의 책들을 주로 봤었지.

M 아~ 듣기만 해도 머리가 지끈거리네요.

다른 대학에 가서 청강도 하셨다면서요?

G 그랬었지.

M 대학 수업을 듣고 책도 읽고 청강도 하면서 건설 현장 아르바이트까지 하시다니. 몸이 열 개라도 부족하셨겠어요.

G 그때는 내 상황이 참 어려웠어.

공부를 소홀히 할 수는 없는데 돈까지 벌어야 했으니까 말이다.

M 가만 보면 선생님은 기본적으로 호기심과 탐구심이 넘치는 거 같아요.

G 궁금하고 알고 싶은 게 있어야 공부도 잘되지 않겠니?

M 그야 그렇죠.

G 난 말이다. 언제나 본질이 궁금했단다.

겉으로 보이는 모습이 아니라 그 안에 내재된 구조적인 본질 말이야.

M 저도 호기심은 있거든요?

공부를 잘하고 싶은 마음도 있구요.

그런데 한자리에 오래 앉아 집중해서 공부하는 게 잘 안돼요.

G 그래? 공부를 왜 잘하고 싶은지 물어봐도 되겠니?

M 음… 일단 부모님이 그걸 원하세요.

저도 공부 잘해서 좋은 대학에 가면 좋을 거 같구요.

G 내 생각엔 부모님의 기대를 충족시키기 위해 공부를 하기보다 너 자신을 위한 이유나 목표를 찾아야 할 것 같구나.

M 나를 위한 이유나 목표요?

G 기왕이면 구체적으로 말이다.

M 구체적으로…

좋은 대학으로는 부족한가요?

G 그보다는 네가 정말 하고 싶은 것은 무엇인지, 하면서 즐거운 일은 무엇인지를 깨닫는 게 먼저일 거 같은데?

M (중얼거리며) 정말로 하고 싶은 일, 즐거운 일이라…

G 그런 일을 찾으면 누가 시키지 않아도 필요한 공부를 찾아서 하게 될 거다.

M 그럴 거 같긴 해요.

그럼 없던 끈기도 생기겠죠?

G 끈기와 인내라는 게 하루아침에 생기지는 않겠지?

처음에는 쉽지 않을 거야.

연습과 반복으로 몸을 훈련시키고 습관으로 만드는 수밖에.

M 결국 나와의 싸움이군요.

G 그렇지.

어떤 일에 성과가 나타나려면 반복하고 또 반복해야 해.

M 머리가 좋은 사람들은 반복하지 않고도 좋은 성과를 내잖아요.

G 그건 그 사람들의 이면을 몰라서 하는 말이란다.

M 그럴까요?

G 사람들은 번뜩이는 영감이나 뛰어난 업적을 보고 천재니까 가능하단 식으로 쉽게 말해버리지.

그런데 사실은 그 모든 것이 힘겹게 반복된 노력의 산물이거든.

즉흥곡은 결코 즉흥적으로 만들어진 작품이 아니란 걸 기억하려무나.

M 아… 즉흥곡은 결코 즉흥적으로 만들어진 게 아니다.

결국 꾸준히, 성실히 노력해야 무엇이든 이룰 수 있다는 말씀이군요.

G 뻔한 얘기 같지만 그것이 진리란다.

M 잘 새기고 실천해야겠네요.

선생님과 이런저런 얘기를 하는 것도 잠시… 마르코는 꾸벅꾸벅 졸기 시작한다.

설계만 10년이 걸리다

G 마르코야, 다 왔구나.

M (흘러내리는 침을 닦으며) 네? 아, 네.

G 저런~ 피곤했나 보구나.

M 새벽 일찍 일어났더니만. 헤헤~

어! 잠깐 잤더니 몸이 가뿐한데요?

G 다행이구나.

저기 멀리 콜로니아 구엘 성당이 보이는구나.

M 어디요? 저는 안 보이는데요?

G 가까이 가면 보일 게다.

M (구엘 성당에 가까이 다가서자) 아~

안 보이는 이유가 있었네요.

건물이 이렇게 낮으니까 그렇죠.

G 사실은 건물이 낮은 게 아니라 완성이 안 된 거란다.

M 왜 완성을 못 하신 거예요?

혹시 멀어서 포기하신 거예요?

G 허허~ 녀석. 그런 이유로 포기를 하진 않지.

여기보다 더 먼 곳에서도 건축일을 했었는걸.

M 그럼요?

콜로니아 구엘 성당

G 이 성당은 구엘의 부탁으로 1898년부터 짓기 시작했지.
여기에 구엘의 섬유 공장이 있었거든.

M 그럼 그 섬유 공장에서 일하던 사람들을 위해 지은 성당이에요?

G 그렇단다.

M 와~ 그 공장에서 일하던 분들은 엄청 좋았겠네요.
자기들만을 위해 가우디 선생님이 성당도 지어주고.

G 그런데 완성을 못 했잖니.

M 아… 그러네요. 어!

G 왜 그러냐?

M 방금 1898년도부터 짓기 시작했다고 하셨죠?

G 그렇단다.

M 그럼 시기적으로는 밀라 주택보다 먼저 시작한 거 아니에요?
비극의 주 사건이 있었던 1909년에 밀라 주택을 거의 완성했다고 하셨잖아요.

G 그래, 맞다.
바트요 주택보다도 훨씬 먼저 의뢰를 받아 설계를 시작했지.

M 그런데 왜 지금 온 거예요?
시간 순서대로라면 바트요 주택보다 먼저 왔어야 하잖아요.
완성을 못 한 이유는 또 뭐구요?

G 궁금한 게 많지? 하나씩 대답을 해주마.
일단, 여기를 이제야 온 이유는 이 건물이 내일 보게 될 성가족 성당과 아주 큰 관계가 있기 때문이란다.

M 이 건물이 성가족 성당과 관련이 있다구요?

G 그렇단다.

그리고 완성을 못 한 이유는 1918년에 구엘이 사망하면서 공사가 중단되었기 때문이지.

M 음… 잠깐만요. 의뢰를 1898년에 받았고 1918년에 구엘 아저씨가 사망했으면 그 사이에 무려 20년이란 시간이 있었잖아요.

그 정도면 이 성당을 완성하기에 충분한 기간 아닌가요?

G 그게 말이다…

이 건물은 설계하는 데만 10년이 걸렸단다.

M 10년이요?

어떻게 설계를 하셨길래 10년씩이나 걸린 거예요?

G 지금까지 구엘 궁전이나 성 테레사 수녀원 학교, 바트요 주택, 밀라 주택에서 봤던 포물선 아치 기억하지?

M 당연하죠.

선생님의 건축을 대표하는 모양이잖아요.

G 그 포물선 아치를 건물 전체 구조에 적용해보려고 했거든.

M 건물 입구나 창문, 기둥만 만드는 게 아니고 건물 전체에 적용을 한다구요?

G 그래. 나에겐 아주 중대한 실험이었단다. 실험이 성공하면 그 원리를 성가족 성당에도 적용할 생각이었거든.

M 그럼 여기는 성가족 성당 연구를 위한 실험실이었던 거네요?

G 말하자면 그렇단다. 아마 이곳이 완성되었다면 또 다른 작은 성가족 성당이 되었을 거야.

M 완성되었을 때의 모습이 어땠을지 무척 궁금하네요.

콜로니아 구엘 성당 스케치

G 내가 그렸던 스케치를 보여줄까?

M 그런 게 있어요? 빨리 보여주세요.

가우디 선생님은 주머니에서 주섬주섬 종이를 꺼내 펼친다.

M 어! 진짜 비슷한데요?

G 그렇지?

M 네. 그럼 이 성당에서 연구하신 게 이런 옥수수 같은 기둥 모양인가 봐요.

G 그렇단다. 이 기둥들이 어떤 원리로 만들어졌는지는 안에서 모형으로 보도록 하자꾸나.

M 그럼 바깥을 먼저 둘러볼까요?

G 그게 좋겠지?

마르코는 가우디 선생님의 팔짱을 끼고 구엘 성당을 한 바퀴 돈다. 살살 불어오는 바람결 속에서 희미하게 솔 내음이 묻어난다. 마르코는 이렇게 좋은 날 선생님과 함께 산책하고 있다는 사실이 마냥 행복하다.

쌍곡포물면 모양의 천장

M 선생님이 비센스 주택을 지으실 때 원래 그 땅에 자라고 있던 금잔화와 종려나무, 야자수를 건물에 그대로 녹여냈다고 하셨잖아

요. 이 성당에서도 그런 비슷한 느낌이 나요.

G 그러니?

M 건물의 색과 분위기가 주변과 참 잘 어울리거든요.

G 내가 부지를 보러 처음 왔을 때 여기는 소나무가 숲을 이루고 있었지. 나는 그 소나무들을 보면서 성당을 이곳의 일부인 것처럼 만들어야겠다고 생각했단다.

M 비센스 주택에서처럼요?

G 그래. 건물의 외벽을 소나무 껍질과 비슷한 색깔로 만든 건 바로 그런 이유에서란다.

M 그래서 그런지 이 성당은 원래 처음부터 여기 있었던 것 같아요.

G 좀 투박스러운 느낌이지?

M 전혀요.

콜로니아 구엘 성당 쌍곡포물면 형태의 기둥

M 절반의 크기로 보이겠죠?

G 왜 그런지 설명할 수 있겠니?

M 음… 아무래도 기호를 써서 설명하는 게 좋겠어요. 말로만 하면 복잡할 거 같거든요.

G 좋은 생각이구나.

M 먼저 눈의 위치를 O라고 하고, 아래로 향한 시선을 볼게요. 두 조각상을 각각 선분으로 생각하고 보면 아래로 향한 시선과 A, C에서 만나요. 그리고 조각상이 바닥에 닿는 선분의 끝점도 각각 B, D로 표시할게요.
그러면 두 삼각형 △OAB와 △OCD는 1:2로 닮은 삼각형이 돼요. 두 선분 OB와 OD의 길이의 비가 1:2이기 때문이죠.
결국 선분 AB의 길이는 선분 CD의 길이의 절반이 돼요.
그 말은 멀리 있는 조각상 CD의 크기는 앞에 있는 조각상 크기의 절반으로 보인다는 걸 의미하죠.

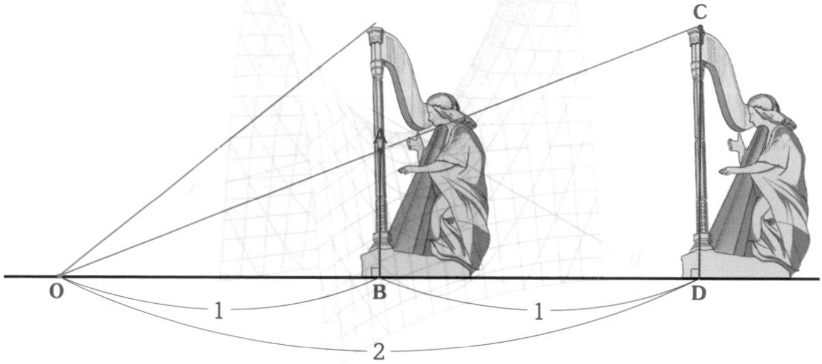

G (박수를 치며) 아주 훌륭한 설명이구나.

M 제가 도형의 닮음 수업을 엄청 열심히 들었거든요. 헤헤~

z축을 따라 한 번은 x축을 포함해서 자르고, 또 한 번은 y축을 포함해서 자를 거란다.

그러면 두 단면의 모양이 뭐가 되겠니?

M 그러니까 저 곡면을 한 번은 xz평면으로 자르고 또 한 번은 yz평면으로 자르라는 말씀이죠?

G 그렇단다.

M (골똘히 생각하며) 그럼 두 단면은 모두 포물선 모양이 되겠네요.

G 옳지 잘했단다.

이번엔 반대로 z축과 수직이 되게 잘라보거라.

그럼 어떤 모양이 나오겠니?

M z축과 수직이면 xy평면하고 평행하게 자르라는 건데…

그럼 두 개의 곡선이 대칭이 되게 나오겠는데요?

G 그런 모양을 쌍곡선이라고 한단다.

M 아~ 반비례 배울 때 쌍으로 그려지던 곡선 말이군요.

G 그렇단다.

M 어휴~ 저런 모양을 상상한다는 것 자체가 너무 어렵네요.

G 그럼 저렇게 생긴 물건을 떠올려보면 어떻겠니?

M 저렇게 생긴 게 있어요? 전 본 적이 없는데요?

G 혹시 말 위에 얹는 안장을 본 적 있니?

그 모양을 상상하면 쉬울 텐데 말이다.

M 말안장이요? 영화에서 본 적이 있어요.

G 그래. 그 모양이 바로 쌍곡포물면이란다.

M 그럴 줄 알았으면 영화에서 좀 더 자세히 봐두는 건데…

쌍곡포물면 형태의 말안장과 감자칩, 건축물(중국 광저우 싱하이 음악당)

(곰곰이 생각에 잠기더니) 잠깐만요.

G 왜 그러냐?

M 제가 좋아하는 프링글스 과자도 그 안장 모양처럼 생긴 거 같아요.

G 그럼 그 모양을 떠올리면 되겠구나.

M (현관 입구에 서서) 그런데 말안장 모양이 어디 있다는 거예요? 아까 기둥, 아치, 천장을 모두 쌍곡포물면 모양으로 만드셨다고 하셨잖아요.

G 저기 천장을 이루는 삼각형, 사각형 모양의 덮개들이 보이지? 기둥 끝에서 갈라진 가지들이 떠받치고 있는 부분 말이다.

M 네. 보여요.

그런데 어디가 쌍곡포물면이라는 거예요?

G 삼각형, 사각형 덮개들을 쌍곡포물면으로 만들었단다.

기둥들은 자연스럽게 포물선 형태가 되고 말이다.

M 선생님의 건축 철학에서 성당은 예외군요.

마르코와 가우디 선생님은 성당을 돌아 수난의 파사드 쪽으로 발걸음을 돌린다.

인생은 미완성

G 수난의 파사드는 누가 만든 줄 아니?

M 수비라치라는 조각가가 만들었대요. 1954년부터 시작해 1976년까지 20여 년에 걸쳐 제작했다는데요?

G 그 친구는 나를 한 번도 본 적이 없는데 어떻게 그렇게 내 생각을 잘 읽어냈는지 모르겠구나.

M 선생님에 대한 연구를 엄청 많이 했다고 들었어요.

G 허허~ 그런 거 같더구나.

M 선생님도 수난의 파사드를 보셨어요?

G 네가 오기 전에 미리 한번 둘러봤지.
네가 보지 못하는 것들을 내가 알려줘야 할 것 같아서 말이다.

M 사전 준비도 철저하신 가우디 선생님!
저 궁금한 게 또 있어요.

G 마음껏 물어보려무나.

M 보통 건물은 아래서부터 차곡차곡 짓잖아요.
근데 선생님은 탄생의 파사드만 먼저 완성을 해놓으셨다고 들었어요. 꼭대기에 솟은 4개의 탑까지 포함해서 한쪽 면만요.

G 그게 말이다.

내가 성가족 성당의 총감독이 된 게 31세가 되던 1883년이었지.

M 젊은 나이에 총감독이 되신 거군요.

G 그런데 성당의 공사는 쉬는 날이 더 많을 정도로 더디게 진행되었단다. 그러다 보니 내 생전에 성당의 완성을 보는 일은 어렵겠다는 생각이 들었지.

M 30대에 임명이 되셨는데도요?

G 그렇단다. 그래서 내 뒤를 잇는 건축가들에게 하나의 본보기를 남겨야겠다고 생각했어.

M 아~ 그러니까 '이렇게 지으면 된다' 하고 샘플을 남기신 거군요.

G 허허~ 그렇구나.

M 듣고 보니 참 슬프네요.

평생 모은 재산과 남은 인생을 바쳤는데 완성을 못 보시는 거잖아요.

G 슬프긴 하지만 괜찮단다. 나에겐 믿음이 있었거든.

M 어떤 믿음이요?

G 내 뒤를 이어 유능한 건축가와 예술가가 대성당을 완성할 것이라는 믿음. 그런 과정을 거쳐 결국엔 장엄한 건축물로 탄생하리라는 믿음 말이다.

M 아…

마르코와 가우디 선생님은 어느새 수난의 파사드 앞에 도착한다.

단다.

M 이게 10년 동안 연구하셨다는 옥수수 탑 모양이군요.

도대체 뭐를 저렇게 거꾸로 매달아놓으신 거예요?

G 종알이 담긴 수머니를 실에다가 매단 거란다.

저렇게 실험을 하면 고딕 양식에서처럼 부벽을 만들지 않고도 높은 건물을 안정적으로 만들 수 있지.

M 이것도 선생님이 혼자서 알아내신 거예요?

G 내가 모르는 누군가가 다른 곳에서 연구를 했을 수는 있겠지.

하지만 나는 혼자서 아주 오랜 시간 동안 저 다중현수곡선을 연구해 건축에 적용한 거란다.

M 선생님의 끈기와 집념은 정말 인정합니다.

그런데 저걸 어떻게 거꾸로 돌려요? 건물은 위로 볼록하게 솟아야 하는데 저건 아래로 매달려 있잖아요.

G 저걸 돌리는 게 아니란다. 사진을 여러 각도에서 찍은 다음 그 사진을 거꾸로 보면 되는 거지.

M 아~ 사진으로. 하긴 저걸 어떻게 돌려요. 하하~

G 그러면 이런 생각을 한번 해보자꾸나.

만약 저 주머니와 끈들을 맨 아래서부터 하나씩 제거하면 마지막에 뭐가 남을 거 같으냐?

M 천장에 매달은 맨 첫 번째 줄이 남겠죠?

G 그렇지. 뭐 떠오르는 거 없니?

M 어! 성 테레사 수녀원에서 설명해주셨던 포물선 아치의 원리가 생각나요.

다중현수곡선 모형

G 비법? 그럼 나에게도 알려줄 수 있겠구나.

M (어깨를 으쓱하며) 네.

일단 마방진이 뭐냐면 1부터 n^2까지의 숫자를 정사각형 격자 안에 한 번씩만 써서 가로, 세로, 대각선의 합이 모두 같아지도록 만드는 거예요.

G 그거 쉽지 않겠는데?

M 그게 다 방법이 있어요.

우리는 가로, 세로가 4칸씩인 4×4 마방진을 만들어야 하니까 일단 이렇게 1부터 $16(=4^2)$까지의 숫자를 순서대로 한 번씩 써 넣어요.

그런 다음 대각선 방향에 있는 수를 반대쪽 수와 바꾸죠.

짠! 한번 더해보실래요?

1	2	3	4
5	6	7	8
9	10	11	12
13	14	15	16

16	2	3	13
5	11	10	8
9	7	6	12
4	14	15	1

G (중얼중얼하다가) 거 참 신기하구나.

가로, 세로, 대각선 어느 방향으로 더해도 합이 항상 34가 되는구나.

M 근데 수난의 파사드에 있는 저 마방진은 제가 만든 거랑 달라요.

숫자들의 위치가 다르고, 쓰인 숫자도 1부터 16까지가 아니에요. 12랑 16이 없고, 대신 10과 14를 두 번씩 썼어요.

왜 마방진을 저렇게 만든 걸까요?

1	14	14	4
11	7	6	9
8	10	10	5
13	2	3	15

G 엄밀히 말하자면 저것은 마방진(magic square)이 아니라 방진(square)이라고 해야 할 것 같구나.

네가 말한 마방진과는 조건이 다르니까 말이다.

M 하긴 1부터 16까지의 숫자를 쓴 게 아니니까요.

G 방진이란 말이 어색하면 그냥 마방진이라고 부르자꾸나.

그럼 일단 수비라치 방진의 가로, 세로, 대각선의 합을 구해보겠니? 원래 마방진과 성질이 같은지 다른지 확인해보고 싶거든.

M 그럴까요?

(중얼거리다가) 어! 가로, 세로, 대각선의 합이 모두 33이에요.

아까 제가 만든 건 34였거든요.

G 수비라치는 마방진을 통해 그 33이란 숫자를 표현하고 싶었나 보더구나.

M 왜요?

G 예수님이 십자가에 못 박혀 죽은 나이가 33세였거든.

요셉이 마리아와 결혼한 나이도 33세였고 말이다.

M 안 무너지는데요?

G 왜 안 무너지는지 설명할 수 있겠니?

M 현수곡선의 모양이 아치의 모양이랑 거의 일치하잖아요.

그건 힘의 곡선이 아치 안에 있다는 의미니까 안 무너지는 거죠.

G 이해를 잘하고 있구나.

그러면 이번엔 무게 추 중에 하나를 없애보자.

같은 위치에 있는 아치의 무게도 제거해야겠지?

어떻게 될 거 같으냐?

M (제거를 하다가) 어~ 무너졌네요.

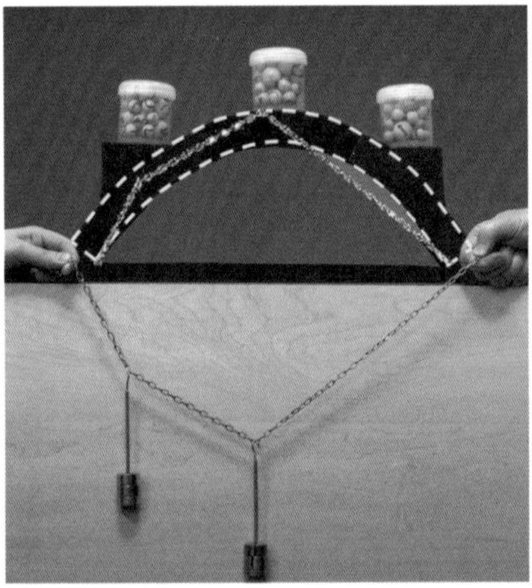

G 왜 무너졌을까?

M 무게 추 하나를 없앨 때 현수곡선의 모양이 쭉 펴지면서 달라졌어요.

거꾸로 뒤집으면 쭉 펴진 부분이 아치 내부에 들어가지 않잖아요.

G 그렇지.

힘의 곡선이 아치 내부에 있지 않으면 무너진다고 했었잖니.

그렇다면 저 상태에서도 아치가 무너지지 않으려면 어떻게 해야 할까?

M 아치를 더 두껍게 만들어야겠네요.

바깥으로 나갔던 부분까지 포함할 수 있는 두께로 말이에요.

G 바로 그거란다.

아치가 안전하려면 받는 힘의 위치나 크기에 따라 변하는 힘의 곡선이 충분히 수용되도록 두껍게 만들어야 하는 거야.

M 아치가 두꺼워지는 이유를 이제야 정확히 알 것 같네요.

그런데 선생님은 하나의 아치가 아니라 여러 개의 아치를 가지고 하신 거잖아요.

G 나는 여러 개의 높은 기둥을 가진 건물을 만들어야 했으니까 말이다.

M 그 건물이 성가족 성당이구요.

G 그렇단다.

M 아~ 그래서 이곳을 오늘 온 거군요.

성가족 성당을 보기 전에 건축 원리를 설명해주시려구요.

G 비록 완성은 하지 못했지만 이곳은 나에게 아주 보물 같은 곳이란다. 이 성당을 보고 나서 성가족 성당을 가게 되면 아마 감회가 남다를 거다.

M 그럴 거 같아요.

G 가기 전에 내가 심혈을 기울여 만든 저 장미창은 봐야 하지 않겠

뒤러의 〈멜랑콜리아〉라는 그림에도 비슷한 마방진이 있던데 혹시 거기서 영감을 받은 것은 아닐까 싶더구나.

M 뒤러의 그림 안에도 마방진이 있어요?

G 그림을 보면 오른쪽 위에 마방진이 있단다.

M 제가 만들었던 마방진하고 뭔가 비슷하면서 달라 보이는데요?

G 네가 만든 마방진에서 두 번째와 세 번째 세로줄을 서로 맞바꾼 거란다. 그 두 줄을 바꿔도 가로, 세로, 대각선의 합은 변하지 않거든.

M 그런가요?

(잠시 뒤) 엇! 그러네요.

G 뒤러는 마방진의 그런 성질을 이용해서 자기 작품이 1514년도에 그려졌다는 걸 나타내려고 했던 거란다.

M 마방진 속에 자기만 아는 비밀 코드를 숨겨놓는 경우가 종종 있군요.

그렇다면 수비라치도 마방진을 이용해 종교적인 상징을 숨겨놓으려고 했다는 선생님 말씀에도 일리가 있는데요?

G 그런 것 같지?

M 그런데 뒤러의 마방진에서 영감을 받았다면 그걸 어떻게 설명할 수 있을까요?

G 저 마방진을 가운데를 중심으로 180도 회전을 시켜보거라.

M 이렇게요?

1	14	15	4
12	7	6	9
8	11	10	5
13	2	3	16

G 이렇게 회전해도 가로, 세로, 대각선의 합은 변하지 않겠지?

M 당연하죠.

숫자의 배열 자체가 변하는 건 아니니까요.

G 이번엔 수비라치가 한 것처럼 12 대신 10을 쓰고, 16 대신 14를 써보거라.

그러면 10과 14로 바뀐 가로, 세로, 대각선 줄의 합이 2씩 줄어들겠지?

M 합을 34에서 33으로 만들려면 각 줄에서 1씩만 줄어야 하는 거 아니에요?

G 그렇지.

그래서 마지막으로 10은 11이 되고 14는 15가 되도록 이웃한 세로줄의 숫자와 자리를 바꾼단다.

1	14	15	4
12	7	6	9
8	11	10	5
13	2	3	16

→

1	14	15	4
10	7	6	9
8	11	10	5
13	2	3	14

→

1	14	14	4
11	7	6	9
8	10	10	5
13	2	3	15

고 경건하다. 마르코는 선생님의 기도가 끝나기를 기다려 함께 성당을 나온다.

M 제가 오늘 선생님과 콜로니아 구엘 성당을 보고 깊이 느낀 게 있어요.

G 그래? 어떤 걸 느꼈을까?

M 건축을 하려면 수학을 정말 잘해야겠다는 거요.

G 수학적인 계산 없이는 건축을 할 수 없으니까 말이다.
또, 건물을 아름답게 만드는 비율이나 대칭에 대해서도 알아야 하지.

M 하긴 건축이 아니라도 수학이 필요한 분야는 정말 많은데…
저도 잘해야겠죠?

G 네가 어떤 일을 하느냐에 따라 배우는 내용이나 깊이는 달라질 수 있겠지. 그런데 내 생각엔 일이나 직장 때문이라기보다 너의 삶을 위해 수학을 배워둬야 할 것 같구나.

M 저의 삶을 위해서요?

G 그래. 살아가면서 닥치게 되는 여러 문제를 해결하는 능력이나 생각하는 힘 같은 것들이 수학을 배울 때 가장 효과적으로 길러지거든.

M 수학은 계산할 때만 필요한 게 아니군요.

G 그럼. 어제 네가 우리 일정을 수학적으로 추론하지 않았니.
바로 그런 게 수학을 배움으로써 얻어지는 능력이란다.

M 생각해보니 그러네요. 하하~

그런데 선생님은 학교 다닐 때 수학을 얼마나 잘하셨어요?

G 나 말이냐?

(기억을 떠올리며) 가만 있어 보자.

내가 건축학교에 다니면서 폰세레를 도와 공원 폭포를 계획한 적이 있었지.

M 그 유명한 건축가요?

G 그래. 어느 날 폰세레가 물탱크 골조 그림을 내게 보여주더구나.

딱 봐도 불안정해 보여서 다시 계산을 해보라고 했지.

M 선생님이 계산을 하신 건 아니구요?

G 나도 해서 줬지. 그런데 폰세레가 자기 친구인 토라스에게 다시 의견을 묻더구나.

M 선생님 계산을 못 믿었나 봐요.

G 아무래도 나는 학생이니까 조금 더 믿을 만한 사람에게 부탁을 한 거겠지.

그 토라스라는 사람은 내가 다니던 건축학교 교수였거든.

M 하긴 선생님은 그 당시에 학생이었으니까 그럴 수도 있겠네요.

그래서요?

G 토라스가 내 계산을 보더니 폰세레에게 누가 했냐고 물었다는구나.

M 왜요? 선생님이 하신 계산이 틀린 거예요?

G 아니. 그 반대였단다.

M 선생님 계산이 맞았군요.

G 사실 나는 토라스 교수의 수업을 들은 적이 없거든.

그런데 그 일이 있고 나서 그 과목 시험에 응시할 수 있는 기회의 양옆으로 줄지어 늘어선 벌집 모양 창문을 보면서는 파스칼의 삼각형을 떠올리다 싱긋 웃음을 짓는다.

'선생님과 다니다 보니 무엇이든 수학으로만 보이네.'

시간이 얼마나 지났을까. 선생님을 오래 기다리게 하면 안 될 것 같다는 생각에 마르코는 서둘러 성당 안으로 들어간다. 콜로니아 구엘 성당에서와 같이 비스듬히 기울어진 현관 기둥을 목이 아프도록 쳐다보면서.

자연의 성장법칙을 담다

M 많이 기다리셨죠?

G 아니다. 덕분에 푹 쉬었구나.

M (의자에 앉으며) 그런데 선생님.

안에 들어와서 보니 밖에서 본 거랑은 분위기가 또 다르네요.

나무로 우거진 울창한 숲에 들어와 있는 것 같아요.

G 그러게. 아주 멋지구나.

M 유럽 여행을 하면서 여러 성당을 다녀봤지만 이런 성당은 처음 봤어요. 뭐랄까… 신비스럽고 환상적인 분위기가 느껴진다고 할까요?

저 알같이 생긴 곳에서는 외계인이 나올 것 같고 말이죠. 하하~

G 허허허~ 녀석 상상력하고는.

M 제가 하는 상상은 아무것도 아니죠.

· 여행 7일차 ·

건축가의 언어는 기하학

성가족 성당Sagrada Família과 부속학교

GATE 11

SEAT 28A

FLIGHT 56C

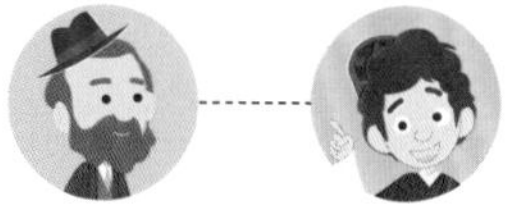

여행의 마지막 날이다. 오지 않을 것만 같던 오늘이 기어이 오고야 말았다. 시간은 참 무심히도 흘러가는 것 같다.

어제는 콜로니아 구엘 성당에서 돌아오자마자 또다시 이사를 했다. 하지만 마르코는 당황하지 않았다. 가우디 선생님이 생의 마지막 8개월을 성가족 성당의 지하 작업실에서 보냈다는 사실을 알고 있었기 때문이다.

조용히 짐을 쌌고 가우디 선생님을 따랐다. 구엘 공원에서보다 더 간소해진 살림살이를 보며 신에게 모든 것을 바친 수도승의 모습을 보는 것 같았다.

M (부스스 일어나서) 선생님 벌써 일어나셨네요.

G 아침 일찍 미사를 다녀왔단다.

M 저녁 미사도 가시잖아요.

G 성당 작업하고 나서 산책 겸 고해성사를 다녀오면 마음이 참 편안해지거든.

M 식사도 채소만 드시면서 그런 체력은 어디서 나오는지 모르겠네요. 그런데 어젯밤엔 어디서 주무신 거예요?
침대가 하나밖에 없는데 설마 바닥에서 주무신 건 아니죠?

G 괜찮으니 내 걱정은 말아라.

너도 내일이면 집으로 돌아가지 않니.

M 아… 너무 아쉬워요.

오늘 하루 종일 발이 아프도록 돌아다니면서 선생님을 귀찮게 해야겠어요.

G 허허허~ 그렇게 하려무나.

M (작업실을 둘러보며) 이 많은 석고 모형들은 다 뭐예요?

G 성가족 성당을 어떻게 만들지, 성당 안과 밖은 어떤 조각으로 장식할지 고민하면서 만든 모형들이지.

M 아~ 맞다! 선생님은 도면보다 석고상으로 모형을 만드는 걸 좋아한다고 하셨죠?

G 그렇단다. 이걸 보고 성당의 구조도 만들고 조각도 하고 그러는 거야.

M 그럼 오늘은 성가족 성당만 보면 되는 거예요?

G 아니. 그 전에 학교를 먼저 둘러볼 거란다.

M 무슨 학교요?

G 성당 공사를 하려면 일손이 많이 필요하겠지?

그 사람들에게는 자녀들이 있을 거고 말이다.

M 그렇겠죠?

G 생각해보니 사람들이 여기서 일하는 동안 자녀들을 무료로 가르쳐주는 시설이 있으면 맘 편히 일할 수 있을 거 같더구나.

M 그래서 학교를 지으신 거예요?

G 그렇지. 아이들에게 좋은 교육을 하는 것이야말로 신을 기쁘게

하는 일 아니겠니?

M 선생님이 하시는 일은 모두 신을 위한 거군요.

G 그렇단다.

그럼 나가서 학교를 먼저 보고 성가족 성당을 둘러보자꾸나.

마르코는 가우디 선생님을 따라 성당의 지하 작업실을 나선다.

어두운 지하와는 달리 바깥세상은 쉽게 눈이 떠지지 않을 만큼 밝고 따스하다. 찡그리던 눈을 뜨고 성가족 성당을 바라보던 마르코는 이렇게 찬란한 성당을 지은 세기의 건축가가 지하 작업실에서 지냈다는 사실이 믿기지 않는다.

성가족 성당 부속학교 지붕의 비밀

G 다 왔단다.

M 어! 학교가 가까운 곳에 있었군요.

생각했던 것보다 아담한데요?

그리고 성당에 가려져 있어서 누가 말해주지 않으면 모르고 지나치겠어요.

G 자금이 부족해서 크게 지을 수가 없었단다.

M 하긴 학교를 지으려면 돈이 많이 들죠.

게다가 교육도 무상으로 하셨다면서요.

교사들 월급도 무시 못 할 텐데요.

G 나도 잠시 이 학교에서 아이들을 가르친 적이 있지만, 바쁘기도 하고 몸이 안 좋아지기도 해서 오래 가르치지는 못했지.

성가족 성당의 부속학교 건물은 적은 비용으로 지어야 해서 고민이 많았단다.

최대한 단순하고 명쾌한 구조를 찾아내야 했지.

어떻게 하면 복잡한 구조와 기능을 단순하면서도 튼튼한 골격으로 만들 수 있을까를 끊임없이 생각해야 했거든.

M (중얼거리며) 복잡한 구조를 단순한 골격으로…

하긴 글을 쓸 때도 긴 글을 짧게 요약할 때가 힘든 거 같아요.

핵심을 잘 파악해야 하거든요.

G 바로 그렇지.

부분과 전체를 아우르는 일에는 통찰하는 능력이 필요하거든.

M 그래서 선생님의 해법은 뭐였어요?

G 저 지붕을 보거라.

M 파도처럼 출렁이는데요? 벽도 덩달아 출렁거리구요.

(의심스러운 눈빛으로) 저 모양이 최적의 구조란 말씀이시죠?

G 그냥 보면 별로 특별해 보이지 않을 거다.

구조적으로도 아주 단순하지.

M 음… 맞아요.

제 눈에도 단순해 보이는데요?

G 그렇지?

그런데 저 물결 모양이 보기보다 효과적이고 강한 구조란다.

M 진짜요?

성가족 성당 부속 학교

G 그럼. 지붕 옆을 보면 그렇게 두껍지 않잖니.

M 되게 얇아 보이는데요?

G 그런데 저 얇은 지붕이 의외로 표면을 강하게 지탱해준단다. 배수도 잘되고 말이다.

M 신기하네요. 저는 옆 모습만 봐서 잘 모르겠는데 도대체 지붕이 어떤 구조인 거예요?

G 지붕을 위에서 바라봐야 이해가 잘될 거 같구나.
(사진을 보여주며) 다음 사진을 유심히 살펴보렴.
그러면 가운데 선을 중심으로 지붕 양 끝이 엇갈린 곡선이란 걸 알 수 있단다.

M 구불구불한 모양이 서로 어긋나 있네요.

G 이런 면을 코노이드(Conoid)라고 하지.

코노이드(Conoid) 형태의 성가족 성당 부속 학교 지붕

M 코노이드요?

G 선으로 만들어진 곡면(Ruled Surface)이라고 이해하는 게 좋겠구나.

M 선으로 만들어진 곡면은 또 뭐예요?

G 이렇게 생각해보면 어떨까?

하나의 직선을 움직이면 그 지나간 곳이 하나의 면이 되지 않니.

M 그렇죠.

점을 움직이면 선이 되고, 선을 움직이면 면이 되니까요.

G 그러니까 직선을 움직일 때 똑바로 끌고 가는 게 아니라 직선의 양 끝을 번갈아가면서 내렸다 올렸다 하는 거지.

M 아~ 이해됐어요.

그런 식으로 만들어진 모양이군요.

G 그렇단다.

M 그러면 원기둥이나 원뿔도 직선으로 만들어진 곡면이라고 할 수 있겠네요?

G 바로 그렇지.

직선을 어떻게 움직이냐에 따라 다양한 곡면을 만들 수 있으니까 말이다.

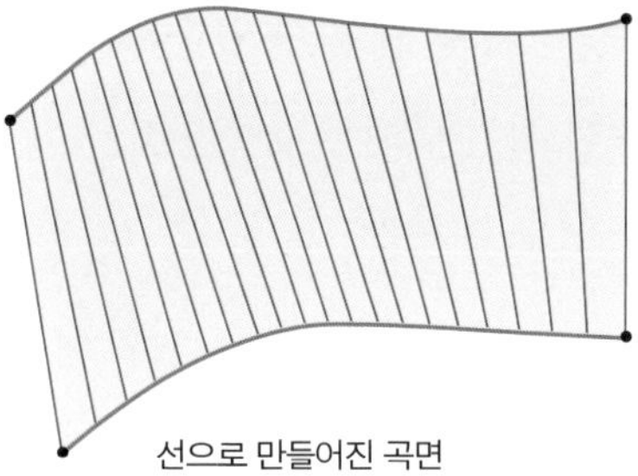

선으로 만들어진 곡면

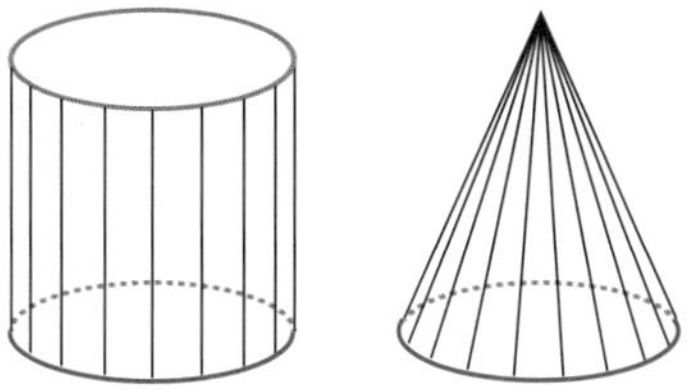

원기둥과 원뿔

M 애고… 머릿속으로 직선이 움직인 모습을 상상하려니까 힘드네요.

G 직접 만들어봐도 된단다.

M 네? 어떻게요?

G 만드는 방법이야 다양하지.

모래 위에 여러 개의 나무젓가락을 가지런히 늘어놓고 만들어도 된단다.

M 모래 위에서요?

G 그래. 나무젓가락의 가운데를 실로 고정시킨 다음, 한쪽 끝을 누르면 반대쪽이 들려서 올라가니까 말이다.

M 그런 식으로 양쪽을 번갈아가면서 눌러주면 엇갈린 곡선이 된다는 거군요.

G 어렵지 않지?

M 해볼 수 있을 것 같아요.

G 혹시 지난번 콜로니아 구엘 성당 천장 모양이 뭐였는지 기억하니?

M 쌍곡포물면이라고 하셨어요.

G 그 곡선 역시 선으로 만들어진 곡면이란다.

작업장에 가면 내가 만든 쌍곡포물면 모형을 볼 수 있을 거다.

M 설명을 듣다 보니 저 이거 학교 수학 시간에 해본 것 같아요.

G 학교에서 만들어봤다구?

M 네. 제가 만들었던 건 스트링아트(String Art)라는 건데, 직선을 잇고 또 이으면 곡선처럼 보이는 모양이 만들어지는 거예요.

G 듣고 보니 원리가 비슷해 보이는구나.

그 스트링아트라는 것도 직선을 여러 개 그어서 만드는 거니까 말이다.

M 학교에서 배우는 내용들이 이렇게 연결되다니 신기하네요.

지붕을 저렇게 간단한 수학적인 원리로 만든 것도 신기하구요.

G 당시 이 건물이 건축계에 일으킨 반향은 대단했단다.

원리가 간단하니까 만들기가 쉽지 않니.

얇게 만들 수 있으니 재료비도 덜 들고.

게다가 빠르게 지을 수 있기까지 하니 일석삼조 아니냐.

M 정말 효율적이고 경제적인 구조네요.

G 그렇지? 지붕을 이렇게 만들면, 대들보나 서까래처럼 지붕의 무게를 지탱하는 별다른 구조물 없이도 아주 튼튼한 건물이 된단다.

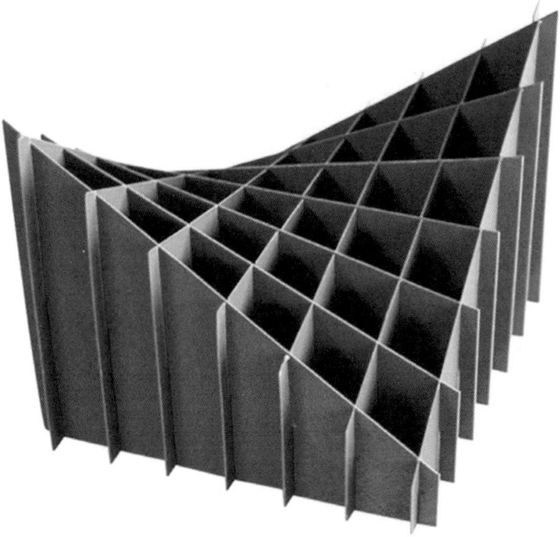

쌍곡포물면

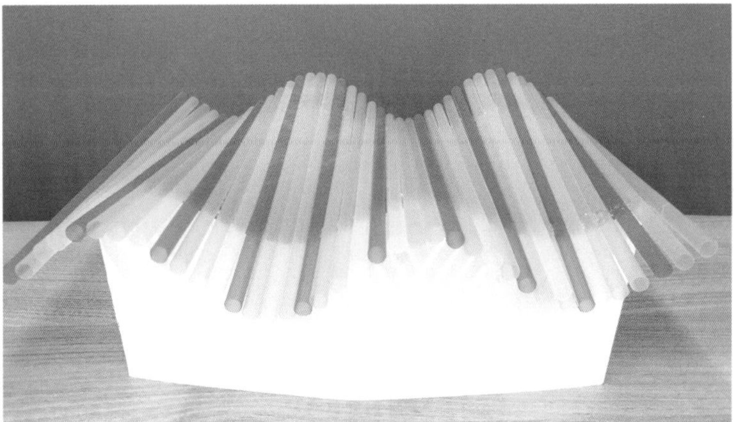

코노이드 곡선

M 처음엔 너무 단순한 형태 아닌가 싶었는데, 대단한 건물이었군요.

G 내가 왜 이 학교 건물을 먼저 보자고 했는지 알겠지?

M 네.

G 그럼 천천히 둘러보고 성가족 성당으로 이동해 보자꾸나.

마르코는 손바닥을 벽에 대고 건물을 따라 걸어본다. 그러면서 1차원 직선이 움직여 만든 2차원 곡면의 느낌을 오롯이 느껴본다. 교실 안에 들어가 춤추듯 굴곡진 천장을 바라보기도 하고 가우디 선생님의 수업을 들었던 학생들의 기분은 어땠을까 상상해보기도 한다.

탄생의 파사드 조각, 닮음을 활용하다

M 선생님, 이제 성가족 성당을 보러 가요.
저희 어디부터 시작하나요?

G 내가 만든 탄생의 파사드부터 가자꾸나.

M 네. 좋아요.
그런데 파사드가 무슨 뜻이에요?

G 파사드(Facade)라는 건 출입구를 똑바로 바라봤을 때의 건물면을 말한단다.

M 성가족 성당에는 세 개의 파사드가 있다던데 그렇다면 출입구도 세 면에 있겠네요.

G 그렇단다. 탄생, 수난, 영광의 파사드가 각각 동쪽과 서쪽, 그리

성가족 성당 탄생의 파사드

고 남쪽에 있지.

우리는 탄생의 파사드에서 시작해 수난의 파사드를 보고 안으로 들어갈 거란다.

M (탄생의 파사드 앞에 도착해서) 어! 여긴가 봐요.

건물 색깔이 거무스름한 게 주변의 밝은 회색하고 확실히 구분되는데요?

G 내가 사용했던 석재가 변색이 잘되는 몬주익 사암이었거든.

게다가 지은 지 벌써 100년이 넘었지 않니.

M 조각들도 엄청 섬세하고 화려하게 만들었네요.

돌로 만들어졌다는 게 믿기지 않아요.

G 여기에는 예수의 탄생과 소년기의 행적들을 기록해놓았단다.

M 그러니까 저 조각들은 성경에 있는 이야기를 하고 있는 거네요.

G 그렇지.

M 참 신기하네요.

G 뭐가 말이냐?

M 보통 교회나 성당은 안에 들어가야만 성경과 관련된 그림을 볼 수 있잖아요.

G 그렇지.

M 그런데 여기는 그 그림을 돌로 깎아서 밖에 전시해놓은 거잖아요.

안에 들어가지 않아도 누구나 밖에서 볼 수 있게 말이죠.

G 내가 바랐던 게 바로 그거거든.

성경의 이야기를 누구나 보고 알 수 있도록 하는 것 말이지.

M 와~ 자세히 보면 조각상들의 표정이나 몸짓이 정말 살아 있는

탄생의 파사드 조각상들

것 같아요.

G 정말 그러냐?

그렇게 보이게 하려고 내가 아주 정밀한 수학 계산을 했었단다.

M 네? 조각상을 만드는데 무슨 수학 계산을 해요?

G 잘 보면 조각상들의 크기가 실제 크기와 같아 보이지 않니?

M 그런 거 같긴 해요.

G 생각해 보거라.

같은 크기의 물체를 가까이에서 보면 커 보이고 멀리서 보면 작아 보이겠지?

M 당연하죠.

G 그럼 같은 크기로 조각을 했을 때 낮은 곳에 있는 조각상보다 높은 곳에 있는 조각상이 작아 보이겠지?

M 어! 그렇겠네요.

G 낮은 곳에 있든 높은 곳에 있든 같은 크기로 보이게 하려면 어떻게 해야 할 거 같으냐?

M 높은 곳에 있게 될 조각상을 조금 더 크게 만들어야겠죠?

G 바로 그거다.

지상에서 보았을 때 모든 인물이 같은 크기로 보이려면 높이에 따라 크기를 다르게 조각해야 하는 거야.

M 그 계산은 어떻게 해요?

G 닮음이라는 걸 이용해서 길이 계산을 해야 한단다.

M 하… 또 수학이군요.

G (종이와 연필을 꺼내며) 잘 보거라.

예를 들어 눈으로부터 일정한 거리만큼 떨어진 거리에 조각상을 하나 놓아보자.

그리고 눈으로부터 아까 거리의 2배 거리에 똑같은 크기의 조각상을 하나 더 놓고 생각해보자꾸나.

2배 거리에 있는 사물의 크기는 앞에 있는 것보다 얼마나 작게 보일 거 같으냐?

M 절반의 크기로 보이겠죠?

G 왜 그런지 설명할 수 있겠니?

M 음… 아무래도 기호를 써서 설명하는 게 좋겠어요.
말로만 하면 복잡할 거 같거든요.

G 좋은 생각이구나.

M 먼저 눈의 위치를 O라고 하고, 아래로 향한 시선을 볼게요.
두 조각상을 각각 선분으로 생각하고 보면 아래로 향한 시선과 A, C에서 만나요. 그리고 조각상이 바닥에 닿는 선분의 끝점도 각각 B, D로 표시할게요.
그러면 두 삼각형 △OAB와 △OCD는 1:2로 닮은 삼각형이 돼요. 두 선분 OB와 OD의 길이의 비가 1:2이기 때문이죠.
결국 선분 AB의 길이는 선분 CD의 길이의 절반이 돼요.
그 말은 멀리 있는 조각상 CD의 크기는 앞에 있는 조각상 크기의 절반으로 보인다는 걸 의미하죠.

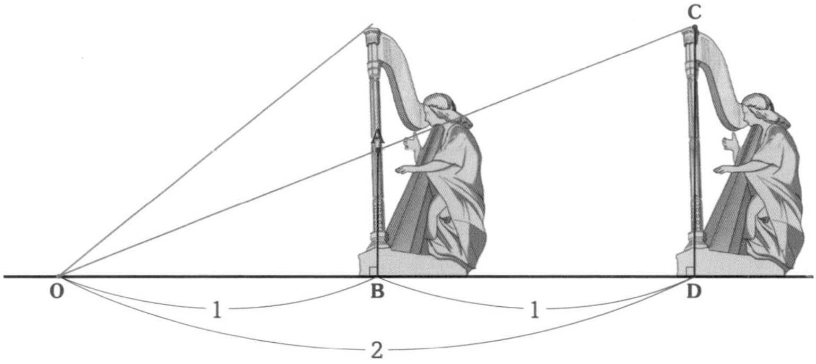

G (박수를 치며) 아주 훌륭한 설명이구나.

M 제가 도형의 닮음 수업을 엄청 열심히 들었거든요. 헤헤~

G 그러면 멀리 있는 조각상을 앞에 있는 조각상과 같은 크기로 보이게 하려면 얼마만 한 크기로 만들어야 할 것 같으냐?

M 그것도 닮음으로 설명할 수 있을 거 같은데요?

G 그럼 우리 닮음 박사가 또 한 번 설명을 해주겠니?

M (목소리를 가다듬으며) 에헴!

이번엔 위로 향한 시선을 연장하고 조각상의 두 선분도 함께 연장할게요.

이때 생기는 두 개의 교점을 차례로 E, F라고 하고요.

그러면 두 삼각형 △OEB와 △OFD는 1:2로 닮은 삼각형이 되니까 선분 FD는 선분 EB의 2배가 돼요.

그 말은 뒤에 있는 조각상을 앞에 있는 EB의 2배 크기로 만들어야 같은 크기로 보인다는 걸 의미해요.

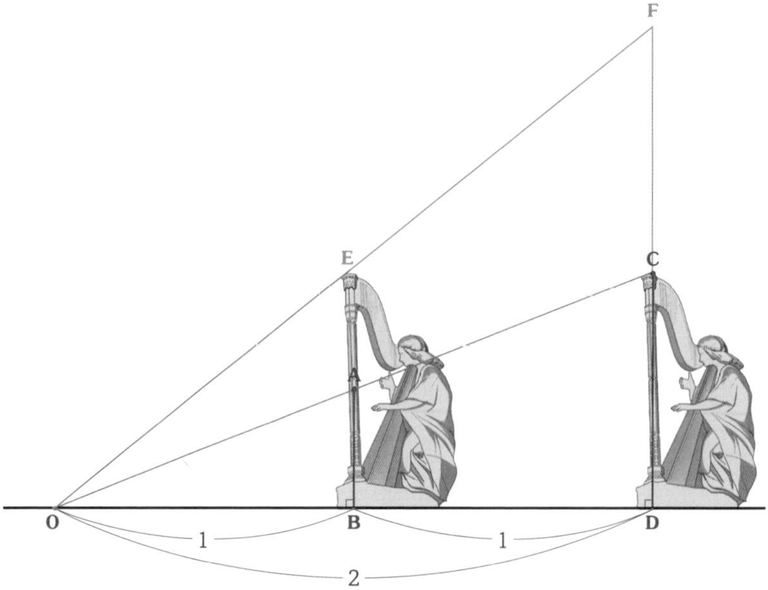

G 그 원리를 일반화하면 이렇게 되겠지?

사물의 크기는 눈으로부터의 거리에 반비례한다.

그리고 거리에 비례해서 크기를 키우면 멀리 떨어져 있더라도 같은 크기로 보이게 만들 수 있다고 말이지.

M 맞아요. 2배 멀리 떨어져 있는 사물은 2배로 크게 만들어야 같은 크기로 보이니까요.

거리 계산만 잘하면 비율을 달리해서 얼마든지 같은 크기로 보이게 만들 수 있겠는데요?

G 이제 내 조각상에 담겨 있는 수학 계산이 뭔지 알겠지?

M 확실히 알았어요.

그런데 선생님 이상한 게 있어요.

G 뭐가 말이냐?

M 선생님은 건물을 지을 때 주변 환경을 해치지 않으면서 조화롭게 만들어야 한다고 하셨잖아요.

그런데 성가족 성당은 주변 건물에 비해 너무 높고 화려한 거 아닌가요?

G 기본적으로 내 건축에 대한 철학은 네가 말한 것과 같단다.

그런데 성당의 건축은 달라야 하지.

M 성당은 다르다구요?

G 이곳은 신이 머무는 공간이기 때문이란다.

신의 위대함과 종교적 숭고함을 표현하려면 성당은 장엄한 규모로 지어져야 해.

도시 어디서든 볼 수 있을 만큼 크게 말이다.

M 선생님의 건축 철학에서 성당은 예외군요.

마르코와 가우디 선생님은 성당을 돌아 수난의 파사드 쪽으로 발걸음을 놀린다.

인생은 미완성

G 수난의 파사드는 누가 만든 줄 아니?

M 수비라치라는 조각가가 만들었대요. 1954년부터 시작해 1976년까지 20여 년에 걸쳐 제작했다는데요?

G 그 친구는 나를 한 번도 본 적이 없는데 어떻게 그렇게 내 생각을 잘 읽어냈는지 모르겠구나.

M 선생님에 대한 연구를 엄청 많이 했다고 들었어요.

G 허허~ 그런 거 같더구나.

M 선생님도 수난의 파사드를 보셨어요?

G 네가 오기 전에 미리 한번 둘러봤지.
네가 보지 못하는 것들을 내가 알려줘야 할 것 같아서 말이다.

M 사전 준비도 철저하신 가우디 선생님!
저 궁금한 게 또 있어요.

G 마음껏 물어보려무나.

M 보통 건물은 아래서부터 차곡차곡 짓잖아요.
근데 선생님은 탄생의 파사드만 먼저 완성을 해놓으셨다고 들었어요. 꼭대기에 솟은 4개의 탑까지 포함해서 한쪽 면만요.

G 그게 말이다.

내가 성가족 성당의 총감독이 된 게 31세가 되던 1883년이었지.

M 젊은 나이에 총감독이 되신 거군요.

G 그런데 성당의 공사는 쉬는 날이 더 많을 정도로 더디게 진행되었단다. 그러다 보니 내 생전에 성당의 완성을 보는 일은 어렵겠다는 생각이 들었지.

M 30대에 임명이 되셨는데도요?

G 그렇단다. 그래서 내 뒤를 잇는 건축가들에게 하나의 본보기를 남겨야겠다고 생각했어.

M 아~ 그러니까 '이렇게 지으면 된다' 하고 샘플을 남기신 거군요.

G 허허~ 그렇구나.

M 듣고 보니 참 슬프네요.

평생 모은 재산과 남은 인생을 바쳤는데 완성을 못 보시는 거잖아요.

G 슬프긴 하지만 괜찮단다. 나에겐 믿음이 있었거든.

M 어떤 믿음이요?

G 내 뒤를 이어 유능한 건축가와 예술가가 대성당을 완성할 것이라는 믿음. 그런 과정을 거쳐 결국엔 장엄한 건축물로 탄생하리라는 믿음 말이다.

M 아…

마르코와 가우디 선생님은 어느새 수난의 파사드 앞에 도착한다.

수난의 파사드

마방진의 비밀을 찾아라!

M (수난의 파사드 앞에 서서) 탄생의 파사드와는 너무 다른데요?

G 그렇지?

M 탄생의 파사드는 아주 사실적이고 섬세하면서 곡선적이었잖아요. 그런데 여기는 뭔가 추상적이면서 직선적인 느낌이네요. 전통을 거부하려는 것처럼 파격적이고 현대적인 느낌도 나구요. 선생님은 어떠세요?

G 나 말이냐? 여러 시대에 걸쳐 지어지는 성당이니 형태와 양식은 다양할 수밖에 없겠지.

그 다양성 속에서 조화로움과 통일성을 잃지만 않는다면 그만큼 더 웅장하고 멋진 성당이 될 거라고 생각한단다.
내 고향에 있는 타라고나 대성당처럼 말이다.

M 와~ 저 같으면 '처음부터 끝까지 다 내가 지었노라~'라고 말하고 싶을 거 같은데… 역시 대가의 생각은 다르군요.

G 저 수많은 상징들을 좀 보거라. 저런 표현들은 나도 생각해내지 못할 만큼 창의적인 거 같더구나.

M 어디요? 어디에 그런 상징들이 있어요?

G 예수를 팔아넘긴 유다의 발치에 있는 뱀과 마방진, 새벽닭과 독수리 같은 것들이 모두 상징이거든.

M 저 로마 병사들의 모습은 밀라 주택의 굴뚝에서 따왔다고 그러던데요? 선생님에게 헌정하는 의미에서요.

G 그래? 수비라치 그 친구가 신경을 많이 썼구나.

M 아! 맞다.
저 마방진에도 엄청 많은 의미가 있다고 들었어요.

G (방진 속 숫자들을 지긋이 바라보며) 그런 거 같더구나.
너는 마방진에 대해 뭘 좀 아는 게 있니?

M (한쪽 눈을 찡긋하며) 저 4×4 마방진 만드는 비법을 알고 있어요.

마방진이 새겨진 수난의 파사드 조각

G 비법? 그럼 나에게도 알려줄 수 있겠구나.

M (어깨를 으쓱하며) 네.

일단 마방진이 뭐냐면 1부터 n^2까지의 숫자를 정사각형 격자 안에 한 번씩만 써서 가로, 세로, 대각선의 합이 모두 같아지도록 만드는 거예요.

G 그거 쉽지 않겠는데?

M 그게 다 방법이 있어요.

우리는 가로, 세로가 4칸씩인 4×4 마방진을 만들어야 하니까 일단 이렇게 1부터 16(=4^2)까지의 숫자를 순서대로 한 번씩 써 넣어요.

그런 다음 대각선 방향에 있는 수를 반대쪽 수와 바꾸죠.

짠! 한번 더해보실래요?

1	2	3	4
5	6	7	8
9	10	11	12
13	14	15	16

16	2	3	13
5	11	10	8
9	7	6	12
4	14	15	1

G (중얼중얼하다가) 거 참 신기하구나.

가로, 세로, 대각선 어느 방향으로 더해도 합이 항상 34가 되는구나.

M 근데 수난의 파사드에 있는 저 마방진은 제가 만든 거랑 달라요.

숫자들의 위치가 다르고, 쓰인 숫자도 1부터 16까지가 아니에요. 12랑 16이 없고, 대신 10과 14를 두 번씩 썼어요.

왜 마방진을 저렇게 만든 걸까요?

1	14	14	4
11	7	6	9
8	10	10	5
13	2	3	15

G 엄밀히 말하자면 저것은 마방진(magic square)이 아니라 방진(square)이라고 해야 할 것 같구나.

네가 말한 마방진과는 조건이 다르니까 말이다.

M 하긴 1부터 16까지의 숫자를 쓴 게 아니니까요.

G 방진이란 말이 어색하면 그냥 마방진이라고 부르자꾸나.

그럼 일단 수비라치 방진의 가로, 세로, 대각선의 합을 구해보겠니? 원래 마방진과 성질이 같은지 다른지 확인해보고 싶거든.

M 그럴까요?

(중얼거리다가) 어! 가로, 세로, 대각선의 합이 모두 33이에요.

아까 제가 만든 건 34였거든요.

G 수비라치는 마방진을 통해 그 33이란 숫자를 표현하고 싶었나 보더구나.

M 왜요?

G 예수님이 십자가에 못 박혀 죽은 나이가 33세였거든.

요셉이 마리아와 결혼한 나이도 33세였고 말이다.

M 그럼 합을 33으로 만들려고 일부러 숫자를 바꾼 거네요?

왜 하필 12와 16을 빼고 10과 14를 두 번씩 썼을까요?

G 글쎄다.

두 번씩 사용한 수들을 모두 더해보니 10+10+14+14=48이던데, 48 역시 종교적으로 의미 있는 숫자더구나.

M 어떤 의미요?

G '유대인의 왕, 나사렛 예수'를 나타내는 라틴어 'INRI'를 숫자로 바꿔서 합해보면 48이 되거든.

M 갑자기 웬 라틴어예요?

G 예수님이 태어나 활동하시던 로마 통치 시대에 라틴어를 썼거든.

M 아~ 그런데 라틴어랑 숫자랑은 또 무슨 관계가 있어요?

G 라틴 알파벳을 순서대로 써서 숫자와 대응을 시켜보면 이렇단다. 지금 쓰는 영어와는 다르게 라틴 알파벳에는 J, U, W가 없지.

A	B	C	D	E	F	G	H	I	K	L	M	N	O	P	Q	R	S	T	V	X
1	2	3	4	5	6	7	8	9	10	11	12	13	14	15	16	17	18	19	20	21

M 그러니까 I는 9, N은 13, R은 17이고, 다시 I는 9니까 9+13+17+9=48이란 말씀이시군요.

G 그렇지.

M 마방진에 이런 비밀을 숨겨놓다니…

그런데 마방진의 숫자 배열을 어떻게 찾았는지는 여전히 미스터리네요.

G 나도 그게 궁금해서 마방진에 대한 자료를 뒤적여 봤었단다.

16	3	2	13
5	10	11	8
9	6	7	12
4	15	14	1

뒤러, 〈멜랑콜리아〉(1514)

뒤러의 〈멜랑콜리아〉라는 그림에도 비슷한 마방진이 있던데 혹시 거기서 영감을 받은 것은 아닐까 싶더구나.

M 뒤러의 그림 안에도 마방진이 있어요?

G 그림을 보면 오른쪽 위에 마방진이 있단다.

M 제가 만들었던 마방진하고 뭔가 비슷하면서 달라 보이는데요?

G 네가 만든 마방진에서 두 번째와 세 번째 세로줄을 서로 맞바꾼 거란다. 그 두 줄을 바꿔도 가로, 세로, 대각선의 합은 변하지 않거든.

M 그런가요?

(잠시 뒤) 엇! 그러네요.

G 뒤러는 마방진의 그런 성질을 이용해서 자기 작품이 1514년도에 그려졌다는 걸 나타내려고 했던 거란다.

M 마방진 속에 자기만 아는 비밀 코드를 숨겨놓는 경우가 종종 있군요.

그렇다면 수비라치도 마방진을 이용해 종교적인 상징을 숨겨놓으려고 했다는 선생님 말씀에도 일리가 있는데요?

G 그런 것 같지?

M 그런데 뒤러의 마방진에서 영감을 받았다면 그걸 어떻게 설명할 수 있을까요?

G 저 마방진을 가운데를 중심으로 180도 회전을 시켜보거라.

M 이렇게요?

1	14	15	4
12	7	6	9
8	11	10	5
13	2	3	16

G 이렇게 회전해도 가로, 세로, 대각선의 합은 변하지 않겠지?

M 당연하죠.

숫자의 배열 자체가 변하는 건 아니니까요.

G 이번엔 수비라치가 한 것처럼 12 대신 10을 쓰고, 16 대신 14를 써보거라.

그러면 10과 14로 바뀐 가로, 세로, 대각선 줄의 합이 2씩 줄어들겠지?

M 합을 34에서 33으로 만들려면 각 줄에서 1씩만 줄어야 하는 거 아니에요?

G 그렇지.

그래서 마지막으로 10은 11이 되고 14는 15가 되도록 이웃한 세로줄의 숫자와 자리를 바꾼단다.

1	14	15	4
12	7	6	9
8	11	10	5
13	2	3	16

→

1	14	15	4
10	7	6	9
8	11	10	5
13	2	3	14

→

1	14	14	4
11	7	6	9
8	10	10	5
13	2	3	15

M 저렇게 바꾸면 모든 가로, 세로, 대각선에서 정확히 1씩만 줄어드네요. 와~ 수비라치는 천재인가 봐요.

G 허허허~ 녀석.

더 기막힌 게 뭔지 아니?

M 뭐가 또 있어요?

G 저렇게 만들어진 마방진에서는 아까 말한 33이란 숫자가 여러 가지 방식으로 더해져서 나올 수 있단다.

M 가로, 세로, 대각선의 합 말고도 또 있다는 말씀이세요?

G 그렇다니까. 한번 찾아보겠니?

M 여러 가지가 있다는데 그중에 한두 개쯤 못 찾겠어요?

색색이 펜 준비해서 도전!!

(한참을 끙끙거리다가) 이 정도면 다 찾은 거겠죠?

1	14	14	4
11	7	6	9
8	10	10	5
13	2	3	15

1	14	14	4
11	7	6	9
8	10	10	5
13	2	3	15

1	14	14	4
11	7	6	9
8	10	10	5
13	2	3	15

G 제법이구나.

M 이렇게나 많은 방법으로 33을 찾을 수 있다니 정말 신기하네요.

G 그런데 이게 다가 아니란다.

M 더 있다구요?

G 그럼. 나머지는 집에 가서 찾아보려무나.

M 마지막 날까지 숙제를 주시는군요.

그래도 해볼게요. 재밌을 거 같아요.

G 어이쿠~ 시간이 한참 지났구나.

이 마방진 앞에서만 벌써 한 시간째 서 있었는걸?

M 선생님 다리 아프시죠? 먼저 안에 들어가 앉아 계세요.

저는 조금만 더 돌아보고 들어갈게요.

G 그러겠니?

M 네.

가우디 선생님은 지팡이에 몸을 의지해가며 성당 안으로 들어가신다. 마르코는 예수가 제자들과 함께 최후의 만찬을 하는 장면에서부터 십자가에 못 박혀 무덤에 드는 장면까지를 천천히 순서대로 바라본다. 건물

수난의 파사드 창문

의 양옆으로 줄지어 늘어선 벌집 모양 창문을 보면서는 파스칼의 삼각형을 떠올리다 싱긋 웃음을 짓는다.

'선생님과 다니다 보니 무엇이든 수학으로만 보이네.'

시간이 얼마나 지났을까. 선생님을 오래 기다리게 하면 안 될 것 같다는 생각에 마르코는 서둘러 성당 안으로 들어간다. 콜로니아 구엘 성당에서와 같이 비스듬히 기울어진 현관 기둥을 목이 아프도록 쳐다보면서.

자연의 성장법칙을 담다

M 많이 기다리셨죠?

G 아니다. 덕분에 푹 쉬었구나.

M (의자에 앉으며) 그런데 선생님.
안에 들어와서 보니 밖에서 본 거랑은 분위기가 또 다르네요.
나무로 우거진 울창한 숲에 들어와 있는 것 같아요.

G 그러게. 아주 멋지구나.

M 유럽 여행을 하면서 여러 성당을 다녀봤지만 이런 성당은 처음 봤어요. 뭐랄까… 신비스럽고 환상적인 분위기가 느껴진다고 할까요?
저 알같이 생긴 곳에서는 외계인이 나올 것 같고 말이죠. 하하~

G 허허허~ 녀석 상상력하고는.

M 제가 하는 상상은 아무것도 아니죠.

성가족 성당 내부

선생님은 세상 누구도 본 적 없고 상상은 더더욱 해본 적 없는 이런 독특한 형태의 성당을 설계하고 지으신 거잖아요.

그것도 무려 30대의 나이에 말이에요. 대단해요.

G 애송이 건축가였지. 나를 이 성당의 총감독관으로 임명한 건 그 당시에도 파격적인 일이었단다.

원래 총감독관 자리에 있던 사람은 비야르라는 아주 잘 나가던 건축가였거든.

M 저라면 두렵고 떨렸을 것 같아요.

G 사람들이 수군거리는 소리가 들리긴 하더구나.

나는 개의치 않고 이 성당의 설계를 전면 수정하기 시작했지.

M 처음 설계대로 가는 게 아니구요?

G 그렇단다.

나는 성가족 성당이 더 크고 웅장하게 지어져야 한다고 생각했거든. 이곳은 신의 위대한 능력을 보여줄 수 있는 상징적인 건물이 되어야 했단다.

M 선생님의 바람처럼 되어가고 있어요.

아직 공사 중인데도 하루에 만 명 넘는 사람들이 찾아오거든요.

G 하루에 만 명이나 다녀간다구?

M 네. 이 정도 방문객 수라면 공사비 걱정이 없겠어요.

금방 다 지을 수 있겠는데요?

G 나는 성가족 성당이 빨리 지어지는 것을 원치 않는단다. 그 옛날 중세의 장인들이 그러했듯 천천히 사람의 손을 거쳐 완성되길 바라지.

아마 이 성당의 주인 역시 그러실 거다.

신은 결코 서두르지 않거든.

M 아…

건축 방식이 많이 현대화되었다고 하더라구요.

그래도 130년이 넘게 지어지고 있는 걸 보면 선생님의 바람과 철학이 잘 반영되고 있는 것 같아요.

G 그랬으면 좋겠구나.

이제 내부를 좀 돌아볼까?

M 네.

마르코는 힘겨운 듯 절룩거리며 일어서는 가우디 선생님을 냉큼 부축한다. 그러나 괜찮다며 마르코의 손을 고집스럽게 뿌리치는 가우디 선생님.

어쩌면 남들에게보다 자신에게 더 엄격했던 성격이 이런 엄청난 건축물을 지어내게 한 원동력이 아닐까 생각하며 마르코는 조용히 선생님을 따라 걷는다.

M 성당 안에 들어와서 보니까 이곳에 선생님의 모든 게 담겨 있다는 생각이 들어요.
특히 어린 시절 유일한 친구라고 하셨던 자연이 오롯이 느껴져요.

G 지나고 보니 그동안 내가 지었던 다른 건물들은 모두 이 성당을 짓기 위한 연습 작품들이 아니었나 싶더구나.

M 콜로니아 구엘 성당은 이 성당하고 정말 비슷했잖아요.

G 그러니까 말이다.

M 이 성당을 자연에 빗대자면 천장은 빛이 쏟아지는 하늘이나 우주 같아요. 천장에 활짝 피어 있는 저 꽃들은 울창한 나무숲이나 하늘의 별 같구요. 기둥은 정말 나무처럼 생겼으니까 바닥은 우리가 사는 땅이고 세상이겠죠?

G 그렇다면 저 기둥이 땅과 하늘을 연결하는 다리겠구나.

M 그러네요.

G 내가 늘 하는 얘기지만 이상적인 건축의 구조는 자연 안에 있단다.
독창적인 건축을 하기 위해서는 자연을 연구해야 하는 거지.
자연의 원리를 따라 건축을 한다는 건 신과 함께 작업을 한다는 걸 의미한단다.

M 신과 함께 건축을 한다구요?

성가족 성당의 기둥

그래서 이 성당이 더 거룩하게 느껴지는군요.

G 그렇지.

저 나무처럼 생긴 기둥들도 그냥 만든 것이 아니란다.

자연의 성장법칙에 따라 만들어졌거든.

M 자연의 성장법칙이요?

G 나무들은 똑바로 자라지 않지.

잘 보면 나무의 밑둥은 뿌리로부터 기울어져서 나고, 줄기는 나선을 그리며 올라가거든.

M 기울어지고 구불거리며 자라는 건 저도 동의해요.

그런데 나무가 나선을 그리며 올라간다구요?

G 허허~ 그렇단다.

기회가 되면 한번 자세히 들여다보거라.

껍질이 벗겨진 나무줄기나 땅 위로 솟아난 나무뿌리를 보면 아마 더 잘 보일 거다.

M 그냥은 잘 안 보일 때가 많다는 말씀이시죠?

G 잘 보이는 나무도 있지만 그렇지 않은 나무들이 더 많거든.
죽은 나무를 관찰하는 것도 좋을 것 같구나.
껍질을 벗기고 보면 휘어진 줄기를 볼 수 있거든.

휘돌아가며 자라는 나무

M 흠… 그냥 지나치지 말고 잘 봐야겠네요.
그래서 이 기둥들도 회전하면서 올라가는 것처럼 만들었군요.

G 그렇게 하려고 아주 재미있는 방법을 썼단다.

M 어떤 방법인데요?

G 이중회전나선이라는 거란다.
그 방법으로 기둥을 만들면 위로 올라갈수록 꼭짓점의 개수가 점차 늘어나지.

M 기둥에 새겨진 줄무늬 개수가 늘어난다는 말씀이시죠?

G 그렇지.
여기 기둥들은 위치나 중요도에 따라 기둥의 형태가 다르단다.

M 어떻게요?

G 가장 중요한 4개의 기둥은 꼭짓점이 12개인 별 모양을 단면으로 해서 만들었지. 다른 기둥들은 꼭짓점이 10개, 8개, 6개인 별 모양을 기본으로 만들었고 말이다.

각각의 기둥은 조금씩 달라 보이지만 모두 같은 원리로 만들어진 거란다.

M 다 똑같은 줄 알았는데 자세히 보니까 정말 조금씩 다르네요.
혹시 제일 중요한 4개의 기둥이 저거예요?
동물 형상이 새겨진 기둥이 있어요.

G 그렇단다. 저 동물들은 천사, 사자, 황소, 독수리인데 네 명의 복음사가인 마태, 마가, 누가, 요한을 상징한단다.

M 저 기둥들이 왜 중요한 거예요?

G 성당 꼭대기에 세워질 18개의 첨탑 중에 가장 큰 예수의 탑과 그 아래 천장을 지탱하고 있기 때문이지.

M 그래서 다른 기둥보다 크고 두껍군요.
밑둥 모양도 다른 기둥들과는 다르게 12각형을 기본으로 만들었구요.

성가족 성당 기둥과 이중회전나선 구조

G 혹시 구엘 공원에서 봤던 회전하는 기둥 생각나니?

M 네, 산책로에서 봤어요.

G 그 기둥은 한쪽 방향으로만 돌아서 올라가는 형태였단다.
그런데 여기서는 두 개의 나선을 서로 반대 방향으로 돌리며 만들었지.

M 아… 너무 어렵네요.

구엘 공원의 기둥

G (종이와 연필을 꺼내며) 그림을 그리며 설명해주마.

너 혹시 정삼각형과 정사각형을 그릴 줄 아니?

M 당연하죠.

자와 컴퍼스를 이용해서 작도도 할 수 있는걸요.

G 그렇다면 설명이 어렵지 않겠구나.

꼭짓점이 12개, 8개, 6개인 별들은 모두 정삼각형이나 정사각형을 이용해 만들 수 있거든.

M 어떻게요?

G 꼭짓점이 6개인 별을 하나 보여주마.

그러면 다른 별들은 네가 찾을 수 있을 거다.

M 엇! 잘 들어야겠네요.

G 먼저 하나의 정삼각형을 그리고 똑같은 정삼각형을 뒤집어서 그린단다.

정삼각형의 내심이나 외심을 중심으로 60도만큼 회전시킨다고 생각해도 되겠구나.

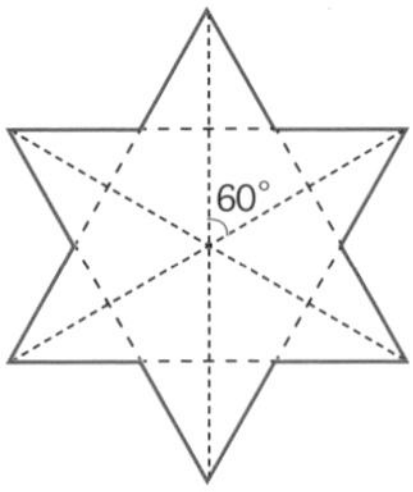

M 아하~ 별거 아니네요. 저도 할 수 있겠어요.

G 그럼 네가 꼭짓점이 8개, 12개인 별을 그려보겠니?

M 네. 꼭짓점이 8개인 별은 정사각형을 하나 그린 다음 똑같은 정

사각형을 회전시켜서 그리면 되겠네요.

G 회전은 몇 도를 시키면 되겠니?

M 중심이 360도이고 정사각형의 대각선들을 모두 이으면 중심이 8등분 되니까.

360도÷8개=45도 맞죠?

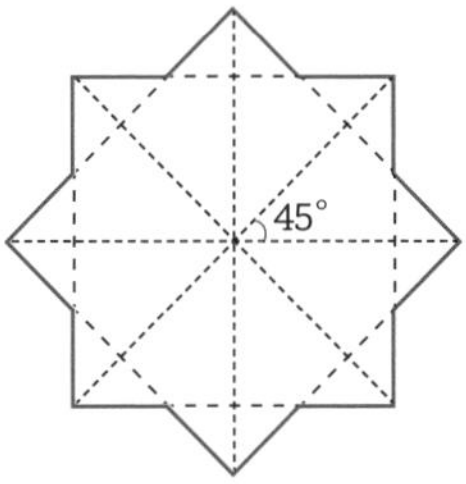

G 허허~ 잘했구나.

그럼 꼭짓점이 12개인 별도 그려보겠니?

M 음… 12는 3×4니까 정삼각형 4개로 만들면 될 거 같은데요?

아까 선생님이 그렸던 꼭짓점 6개인 별을 30도만큼 회전을 시켜서 처음의 별과 포개면?

(끄적이다가) 이렇게 되겠네요.

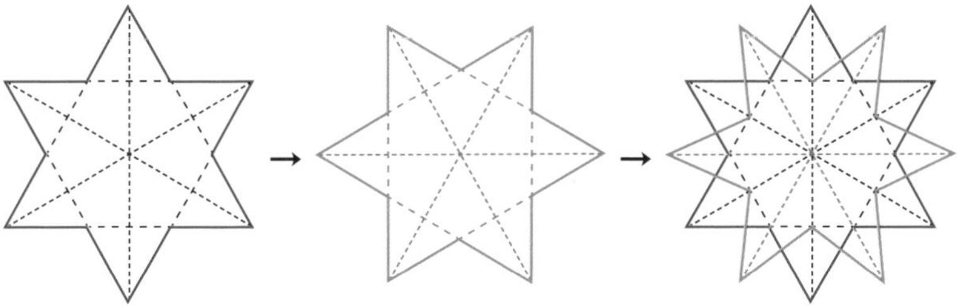

G 아주 잘 했구나.

혹시 정사각형을 이용해 그릴 수는 없을까?

M 하긴 12=4×3으로도 쓸 수 있으니까 정사각형 3개로도 만들 수 있겠네요.

G 정사각형 3개를 포개서 그리려면 처음 정사각형을 각각 몇 도씩 회전하면 될 거 같으냐?

M 잠깐만요.

꼭짓점이 12개니까 그냥 중심을 12등분 한다고 생각하는 게 더 편하겠네요.

그러면 이번에도 360도÷12개=30도씩 회전하는 거겠죠?

G 생각이 점점 진화하는 것 같구나.

네 생각처럼 그리면 이런 모양이 되겠지?

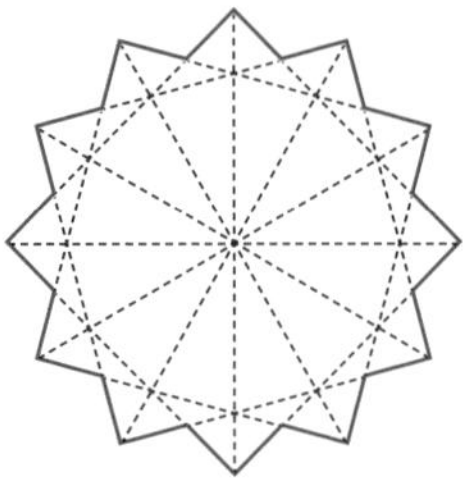

M 오~ 그러네요.

그럼 꼭짓점이 10개인 별도 똑같은 원리로 만들 수 있겠네요.

정오각형 하나를 그리고 다른 하나를 36도 회전시켜서 말이죠.

G 아주 척척이구나.

이렇게 꼭짓점이 여러 개인 별 모양으로 기둥의 밑단을 만들었으면 이제 뾰족한 꼭짓점들을 둥글게 처리한단다.

기둥에 뾰족한 부분이 있으면 다칠 수도 있으니까 말이다.

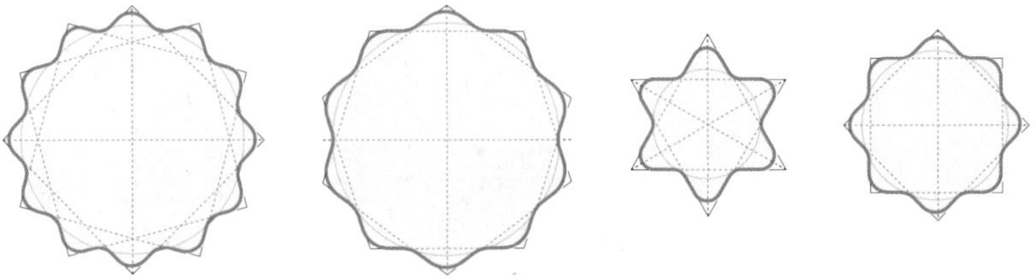

M 작은 부분까지 세심하게 신경을 써야 하는군요.

G 아직 끝난 게 아니란다.

곡선으로 처리한 별 모양을 두 방향으로 회전시켜야 하거든.

한 번은 시계방향으로 또 한 번은 반시계방향으로 말이다.

M 두 방향으로 회전을 시켜요?

G 그렇단다. 그러면 두 개의 곡선이 만나면서 새로운 모양의 단면이 생기게 되겠지?

천천히 기둥을 두 방향으로 회전해 올리면서 높이에 따라 이런 단면을 만들면 되는 거란다.

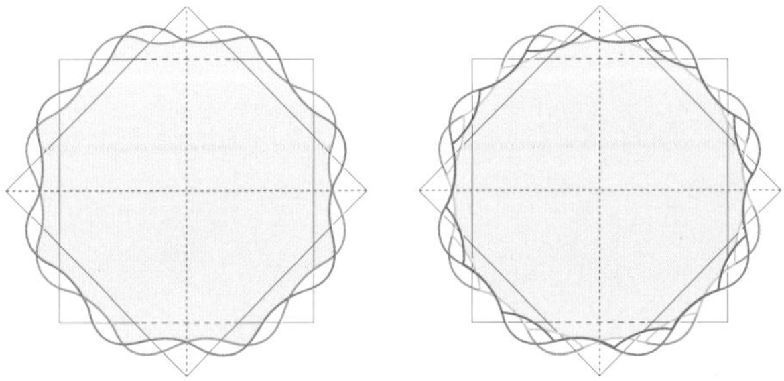

M 나무가 회전하며 자란다는 걸 알아내신 것도 신기한데, 그걸 이렇게 건축에 적용하셨다니. 정말 놀랍네요.

성가족 성당 나선형 계단

G 저기 예수상 양옆에 있는 계단이 보이니?

그 계단도 나선의 원리를 이용해서 만든 거란다.

M 바트요 주택에서 로그 나선하고 아르키메데스 나선에 대해 알려 주셨잖아요.

그럼 저 계단은 폭이 일정하게 유지되며 올라가니까 3차원적으로 만든 아르키메데스 나선이라고 봐야겠네요?

G 그렇게 볼 수 있겠구나.

아르키메데스의 나선식 펌프와 같은 모양이니까 말이다.

숨어 있는 원뿔곡선 찾기

M 오기 전부터 예상은 했지만 이 성당은 구석구석 온통 수학이네요.

G 허허허~ 그럼 어디에 수학이 있는지 더 찾아보겠니?

M 마치 '숨은 수학 찾기' 같아요.

(주변을 한 바퀴 돌다가) 멀리 갈 것도 없네요.

지금까지 본 기둥에도 있는걸요.

큰 기둥과 여러 갈래 줄기 사이의 연결 부위에 타원 모양이 박혀 있잖아요.

G 외계인이 나올 거 같다던 그 알 말이지?

M 장난인데 기억하시네요. 헤헤~

어! 마리아상 위에 있는 스테인드글라스도 계란 같은 타원형이

타원형 창문

성가족 성당 천장의 원뿔곡선

구요.

G 타원 모양이 많지?

M 천장에 꽃 모양 둘레와 환기구 같은 부분도 둥글게 휘돌아 올라가는 게 뭔가 수학적인 냄새가 솔솔 나는데요?

G 지금 네가 말한 도형들은 모두 공통점이 있단다.

M 엥? 타원 모양은 2차원 평면이고 천장의 환기구 모양은 3차원 입체인데요?

G 수학의 매력이 바로 그런 거 아니겠니?
관계없어 보이는 사물들 속에서 추상적인 성질을 찾고 비교하는 것 말이다.

M 흠… 도대체 무슨 공통점이 있는 걸까요?

G 오늘 아침에 부속학교를 둘러보며 얘기했던 곡면을 떠올려보자꾸나. 직선을 어떻게 움직이느냐에 따라 여러 가지 곡면을 만들 수 있다고 했었지?

M 그랬죠.

제가 원기둥도 선으로 만든 곡면이란 걸 알아냈잖아요.

G 그럼 그 원기둥의 두 밑면을 서로 다른 방향으로 돌려보면 어떻게 되겠니?

M 저 그거 선생님 작업실에서 봤어요.

돌리고 또 돌리다 보면 가운데 부분이 점점 가늘어지다가 서로 뒤집어진 형태의 원뿔이 되던데요?

G 방금 네가 말한 그 원뿔 모양을 떠올려보렴.

저 위 천장의 환풍구와 꽃을 둘러싼 둥그런 부분들은 원뿔의 뾰족한 부분을 잘라낸 모양이란다.

M 헛! 원뿔을 잘라서 원 모양을 만들었다는 거군요.

그런데 그거랑 타원하고는 무슨 관계가 있는 거예요?

G 원뿔을 잘 자르면 타원 모양이 나오거든.

M 원뿔을 잘라요? 어떻게요?

G 원뿔을 세워놓고 각도를 조절해가면서 평면으로 자르면 된단다.

그러면 각도에 따라 서로 다른 모양의 곡선이 나오는데, 그 곡선을 원뿔곡선이라고 하지.

M 그중 하나가 타원이라는 말씀이시구요?

G 그렇지.

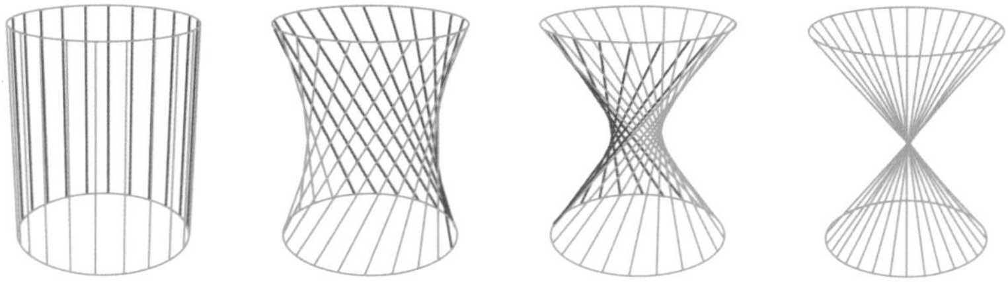

M 그럼 타원이 아닌 모양도 있다는 말씀이시네요?

G 한번 상상해보겠니?

어떤 곡선이 어떻게 해서 나오는지를 말이다.

M 제가 좋아하는 아이스크림 콘을 바닥에 뒤집어놓고 자른다고 상상해볼게요.

먼저 바닥하고 평평하게 자르면 원이 될 거예요.

천장 환풍구의 잘려진 테두리도 원이잖아요.

G 옳지~ 좋구나.

M 각도를 다르게 하라고 하셨으니 자르는 평면을 좀 기울여볼게요. 그럼 타원이 되겠죠? 저 성가족 성당 기둥 중간 부분에 붙어 있는 외계인 알 모양이나 창문처럼요.

G 혹시 또 있을까?

M 더 기울여서 원뿔의 모선과 평행하게 자르면 포물선이 될 거 같아요. 기울이는 각도가 모선에 가까워질수록 타원의 한쪽 끝이 벌어질 테니까요.

G 제법이구나. 이제 끝났니?

M 뭐가 더 있어요?

G 한 가지가 빠졌구나.

M 어! 뭐가 빠졌지? 다 찾은 거 같은데요?

G 네가 상상한 아이스크림은 원뿔이 하나지만 아까 우리가 말했던 원뿔은 뾰족한 부분을 맞대고 하나의 원뿔이 더 붙어 있지 않았니. 그렇게 생긴 원뿔을 바닥과 수직이 되도록 자르면 어떤 모양이 될 거 같으냐?

M 아~ 그렇게 자르는 방법이 하나 더 있었구나.

(멀리 바라보며 생각하다가) 벌어진 곡선이 한 쌍으로 나타나겠네요.

G 그렇지. 바로 쌍곡선이란다.

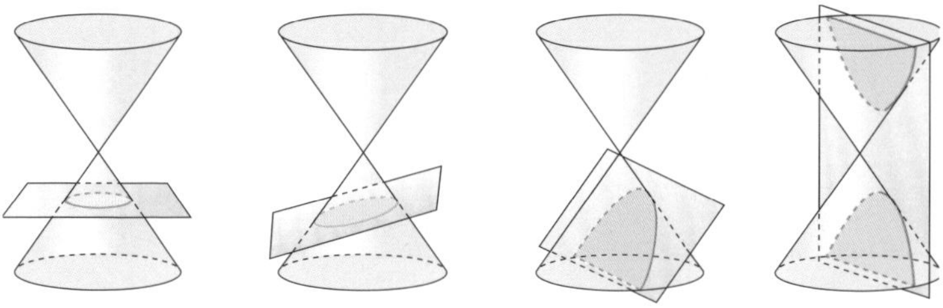

M 크~~~ 콜로니아 구엘 성당에서 본 나비 모양 창살도 이런 방법으로 만드신 거구나.

그러고 보니 사방에 원뿔곡선 아닌 게 없네요.

원과 타원 모양의 창, 그리고 그 주변을 둘러싸는 둥근 곡면들.

G 원뿔곡선과 곡면을 이용해서 채광창도 만들 수 있단다.

M 빛이 들어오는 창문 말이죠?

G 그렇지. 그러면 너무 과하지도 부족하지도 않게 빛을 부드럽게 들여보낼 수가 있거든.

M 천장에서 들어오는 저 빛처럼요.

G 그렇단다.

포물면을 타고 들어오는 빛

공간의 설계자, 건축가의 언어

M 선생님은 빛을 중요하게 생각하시는 거 같아요.

G 그럼. 빛은 건축을 더욱 돋보이게 만들어주거든.
성전에 있는 모든 요소들을 뚜렷하면서도 충만하게 보여주려면 45도를 유지하며 비추는 빛이 필요하단다.

M 45도로 들어오는 빛이라구요?

G 지중해에 위대한 예술 문화가 탄생한 건 45도를 이루며 비추는 균형 잡힌 빛 덕분이었단다.

북쪽 지역은 빛이 너무 부족하고 남쪽 지역은 빛이 너무 과하지 않니.

M 그래서 북쪽은 너무 춥고 남쪽은 너무 덥죠.

G 그에 비해 지중해는 중용의 빛을 가지고 있단다.
지중해 사람들에게 자연을 관찰하는 남다른 시각이 있는 이유가 바로 그거지.

M 지중해에 대한 자부심이 대단하시군요.
빛을 조절하는 능력도 남다르신 거 같구요.
저기 스테인드글라스를 보면서도 그런 생각이 들었어요.

G 스테인드글라스 말이냐?

M 네. 꽃잎을 12개, 20개로 만드신 것도 멋지고 방향에 따라 다른 색을 입힌 것도 환상적이에요.

G 아침부터 저녁까지 빛의 방향이 변하면서 성당의 분위기가 어떻게 바뀌는지를 느껴보면 좋을 것 같구나.
그러면 동쪽에서 시작된 푸른 빛이 서쪽의 붉은 빛과 어우러지는 아름다운 모습을 볼 수 있을 거다.

M 다음번에 오게 되면 하루를 온전히 이 성당에서 보내야겠어요.
빛과 색의 변화를 관찰하면서요.

G 그러려무나.

M 그런데 저 꽃잎이 20개인 스테인드글라스는 만드는 원리가 아까 기둥의 밑둥 만들기와 같겠죠?
원의 중심각을 20등분 해서 만들면 되니까요.

G 그렇지. 아까 네가 꼭짓점 10개인 별 모양은 정오각형 2개를 회

성가족 성당의 스테인드글라스

이십각형으로 만든 스테인드글라스

전시켜 만든다고 하지 않았니?

마찬가지로 꼭짓점이 10개인 별을 회전시키면 꼭짓점을 20개로 만드는 것도 가능하겠지.

M 듣고 보니 복잡해 보이는 도형들도 결국은 정삼각형, 정사각형, 정오각형 같은 간단한 도형들로부터 만들어지네요.

G 신이 세상을 창조하신 원리도 마찬가지 아니었을까 싶구나.

고대 그리스의 유명한 철학자 플라톤도 우주가 물, 불, 흙, 공기와 같이 가장 기본적인 물질로 이루어졌다고 하지 않았니.

M 신은 늘 기하학적으로 생각한다고 말했던 그 수학자 말씀이시죠? 정다면체 수업에서 정사면체는 불, 정육면체는 흙, 정팔면체는 공기, 정이십면체는 물, 그리고 정십이면체는 우주로 생각했다고 배웠어요.

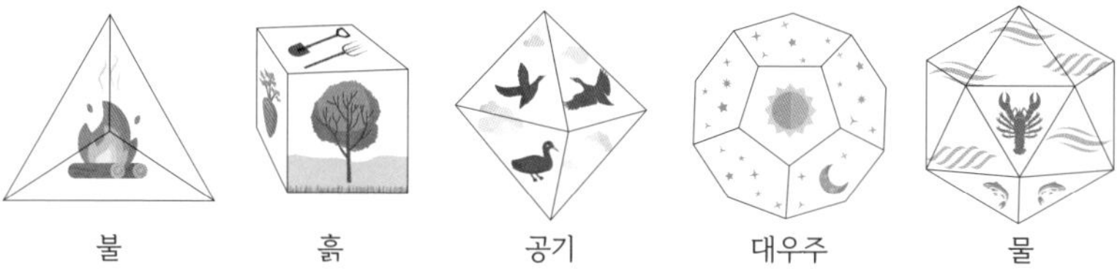

플라톤의 입체도형

G 그렇지. 고대에는 철학자가 수학자이기도 했으니까 플라톤을 수학자라고 해도 되겠구나.

M 그러면 선생님은 건축가면서 수학자라고 불려야 할 거 같은데요? 건축을 하면서 엄청나게 많은 도형 연구를 하셨으니까요.

G 수학자는 무슨.

나는 단지 건축을 하는 데 있어서 기능에 맞는 형태를 발견하기 위해 연구했을 뿐이란다.

M 어쨌든 수학을 연구하신 게 맞잖아요.

G 그중에서도 도형을 다루는 기하학에 대해 많이 고민했지.
그런 의미로 보자면 건축가의 언어는 기하학이라고 할 수 있겠구나.

M 오~ 멋진 말이네요.
건축가의 언어는 기하학이다.

G 건축가는 형태라는 구체적인 언어로 말해야 하거든. 그러니 기하학을 빼놓고 건축을 이야기하기는 어려울 거 같구나.

M 왠지 이 성당의 입구에 '기하학을 모르는 자 이곳에 들어오지 말라!'고 써붙여 놔야 할 거 같아요.
플라톤이 아테네에 세운 학교, 아카데미아 정문에 붙여놨던 것처럼요.

G 허허허~ 녀석.
나는 누구라도 이곳에 와서 신의 존재와 위대함을 느끼고 갔으면 좋겠구나. 기하학을 모르더라도 말이지.

M (머리를 긁적이며) 제 생각이 또 짧았네요.

G 괜찮단다.
네 말처럼 수학을 잘 알고 이곳에 온다면 더 큰 감동을 느낄 수 있을 테니 꼭 틀린 말은 아니겠지.

M 그런데 저 십자가상 위의 덮개가 칠각형이네요?

G 천개 말이구나.

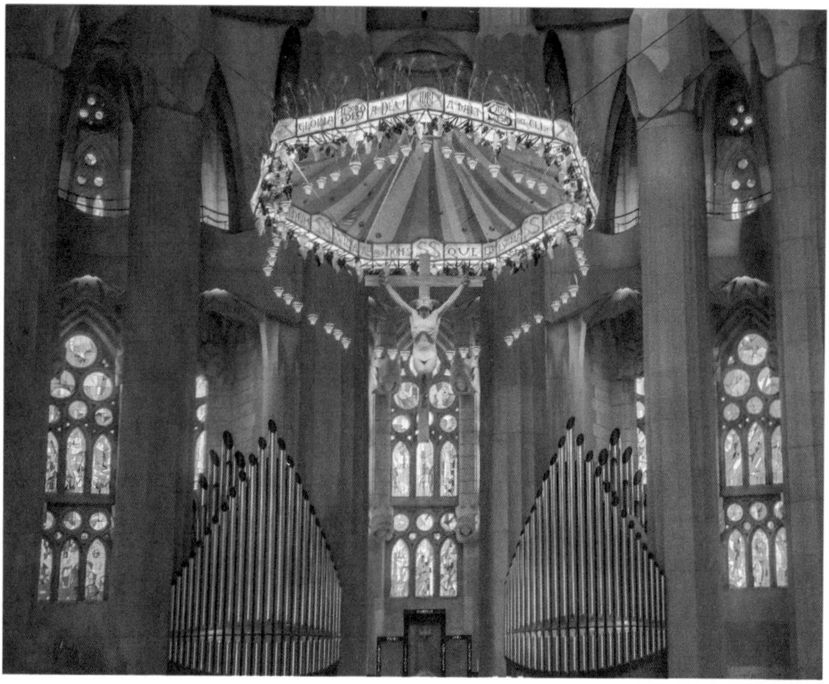

성가족 성당의 칠각형 천개

M 성 테레사 수녀원 학교에서도 신에게 이르는 과정이 일곱 단계라고 하셨잖아요.

저 칠각형도 그런 걸 상징하나 봐요.

G 기독교에서 7이라는 숫자는 여러 가지 의미를 갖는단다.

인간의 죄와 선행을 일곱 가지로 나누기도 하고, 하늘을 일곱 개의 단계로 표현하기도 하지.

M 신이 천지를 창조할 때도 7일이 걸렸다고 하잖아요.

G 그렇지.

M 그런 여러 가지 이유 때문에 천개를 칠각형으로 만든 것 같은데요? 그런데 왠지 칠각형은 다른 다각형보다 만들기가 어려울 거

같아요.

G 쉽지 않지. 아니 정확히 말하자면 정칠각형은 눈금 없는 자와 컴퍼스만으로는 작도가 불가능한 도형이란다.

M 그림 어떻게 그려요?

G 작도가 아니라면 얼마든지 그릴 수 있겠지.

예를 하나 들어보자꾸나.

(연필과 종이를 꺼내 그리며) 정팔각형을 작도할 수 있다는 건 알고 있지?

M 기둥 단면을 만들 때 정사각형 2개로 정팔각형을 만들어봤잖아요.

G 그렇지. 그런 방법으로 정팔각형을 작도한 다음 대각선을 모두 표시하고 한 변을 지워보자꾸나.

그러면 몇 개의 변이 남겠니?

M 여덟 개에서 하나를 지웠으니까 일곱 개가 남겠죠.

G 이제 지워진 변의 양 끝점을 붙여보자.

그럼 입체도형이 되겠지?

M 칠각뿔이 되겠네요.

변의 길이가 모두 같으니까 밑면은 정칠각형이 되겠구요.

G 그 밑면을 바닥에 대고 따라 그리면 정칠각형이 그려지겠지?

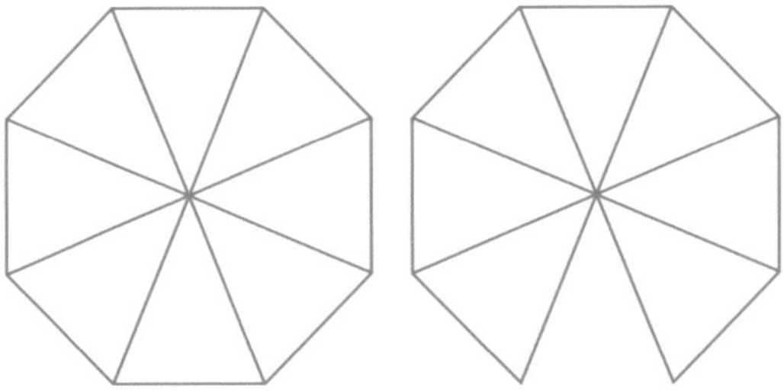

M 와~ 대박.

작도인 듯 작도가 아닌 방법으로 정칠각형을 그렸네요.

G 물론 오리고 붙이는 과정에서 오차가 생길 수 있으니 온전히 수학적이라고 보기는 어려울 수 있겠구나.

M 그래도 너무 멋진 방법인 거 같아요.

이런 방법을 이용하면 작도가 불가능한 다각형을 얼마든지 그릴 수 있겠는데요?

G 작도할 수 없는 다각형을 근사적으로 그리는 방법은 더 있단다.

불가능을 가능으로 만들려는 인간의 시도는 여러 시대에 걸쳐 계속되어 왔으니까 말이다.

M 이런 걸 볼 때마다 세상이 만들어진 원리는 인간의 생각을 뛰어넘는 곳에 있다는 생각이 들어요.

G 나 역시 그렇게 생각한단다.

인간의 지성이 아무리 높아진다 해도 신의 영역에는 가까이 갈 수 없을 거야.

M 선생님과 여행하면서 참 많은 걸 배워가네요.

건축과 수학, 그리고 종교에 대해서도요.

G 도움이 되었다니 다행이구나.

M 선생님 그거 아세요?

G 뭐를 말이냐.

M 이곳 성가족 성당이 2026년 완공을 목표로 지어지고 있대요.

G 내가 이 성당의 지하묘지에 묻힌 지 정확히 100년이 되는 해구나.

M 그때 꼭 다시 와보고 싶어요.

영광의 파사드가 어떻게 완성되었는지도 보고 싶구요.

G 나도 그 영광스러운 순간에 함께 있을 거다.

그나저나 시간이 벌써 이렇게 되었구나.

M 미사 가실 시간이네요.

오늘이 선생님과 함께하는 마지막 날이니 특별히 제가 또 동행해드릴게요.

G 그래주겠니?

네가 옆에 있어서 적적하지 않았는데 간다니까 서운하구나.

M 저야말로 그래요.

G 그래도 내일은 더 좋은 일이 있을 테니 너무 서운해하지 말자꾸나.

M 그렇겠죠?

여행의 마지막 날 저녁.

마르코는 선생님을 모시고 저녁 미사를 다녀온다. 구부정하게 지팡이를 짚고 걸으면서도 당당함을 잃지 않으려는 모습. 주름마다 올올히 새겨진 고난과 외로움의 세월을 온전히 그분께 바치려는 듯 간절히 모아쥔 두 손. 모두가 더 많은 것을 가지려 애쓸 때 아낌없이 모든 것을 내려놓는 검소함.

그런 가우디 선생님의 모습을 보면서 마르코는 마음 깊이 무한한 존경과 경외감을 느끼게 되었다.

Check-out

스페인/바르셀로나 공항(BCN) → 서울/인천 공항(ICN)

다음 날 아침.

마르코는 짐을 꾸려 가우디 선생님과 함께 공항으로 향한다. 혼자 갈 수 있다며 극구 말렸건만 가우디 선생님은 공항까지 데려다줘야 마음이 편하겠다며 끝내 따라나선다. 마르코는 지난 일주일간 지팡이를 짚고 힘겹게 돌아다니시던 가우디 선생님의 모습이 떠올라 죄송스러운 마음이 가시질 않는다. 결국 그렇게 마르코를 공항까지 배웅하고 돌아가시는 가우디 선생님.

마르코는 선생님의 구부정한 뒷모습을 보며 가슴이 아려온다. 올 때와는 다르게 집으로 돌아가는 발걸음은 한없이 무겁기만 하다. 하지만 내일은 더 좋은 일이 있을 거라는 선생님의 말씀을 기억하며 마르코는 다시 일상으로 돌아갈 준비를 한다.

바르셀로나에서의 건축 여행은 참 많은 여운을 남기는 것 같다. 평생에 걸쳐 모든 것을 쏟아부었음에도 가우디 선생님의 수많은 작품들이 미완으로 남았던 것처럼 우리의 삶도 어차피 완성이라는 것이 불가능한 건 아닌가 하는 생각마저 든다.

그저 하루하루를 열심히 즐겁게 살아가는 것.

도전과 실패를 반복하며 작은 것들을 이뤄가는 것.

그렇게 주변 사람들과 어우러져 살아가는 것.

그것이 내가 할 수 있는 최선이 아닐까 하는 생각을 하며 마르코는 집으로 가는 발걸음에 힘을 더해본다.

성가족 성당이 보이는 바르셀로나 전경

· 부록 ·

가우디 선생님이 보내온 숙제

띵동~!

마르코는 가우디 선생님으로부터 온 이메일을 열어본다. 여행하며 내준 숙제를 다 했는지 물어보시는 가우디 선생님. 역시 빈틈이 없으시다. 게다가 문제를 다시 정리해서 보내주시는 친절함을 발휘하시다니… 미뤄두었던 가우디 선생님 숙제를 시작해야 할 것 같다.

1. 피보나치 수열

가. 유래

이탈리아 피사 출신의 수학자 피보나치(Leonardo Fibonacci)는 상인인 아버지를 따라 이집트와 시리아, 그리스 등 여러 나라를 두루 여행한다. 그러던 중 10진법을 사용하는 인도-아라비아 숫자 체계를 접하고 그 우월성에 놀라게 된다. 피사로 돌아온 피보나치는 여행 중에 배운 내용을 한 권의 책으로 정리해 유럽에 소개한다. 그 책이 바로 유명한 『산반서(*Liber Abaci*)』인데, 3장에는 피보나치 수열의 기원이 된 '토끼 문제'가 실려 있다. 토끼 문제는 다음과 같다.

> 어떤 남자가 벽으로 둘러싸인 장소에 암수 한 쌍의 토끼들을 둔다. 만약 각 쌍이 두 번째 달부터 매달 새끼 토끼를 한 쌍씩 낳는다고 가정하면 그 해에는 몇 쌍의 토끼가 생산되겠는가?

나. 토끼 문제의 정리

피보나치 수를 찾으려면 토끼 쌍의 수가 매달 어떻게 늘어나는지 규칙을 파악해야 한다. 이를 위해 토끼 문제의 조건을 간단히 정리해보면 다음과 같다.

· 첫 달에는 새로 태어난 토끼 한 쌍만이 존재한다.
· 두 달 이상이 된 토끼는 번식 가능하다.
· 번식 가능한 토끼 한 쌍은 매달 새끼 한 쌍을 낳는다.
· 토끼는 죽지 않는다.

다. 피보나치 수 찾기

이제 조건에 맞게 그림을 그릴 차례다. 토끼 한 쌍을 매번 그리는 것은 복잡하므로 간단히 동그라미로 그리도록 하자. 또한, 새끼를 낳을 수 있는 쌍과 그렇지 않은 쌍은 각각 검정색(●) 동그라미와 흰색(○) 동그라미로 구분해서 그린다. 그러면 토끼 쌍의 수가 매달 다음 표와 같이 늘어나는 것을 알 수 있다.

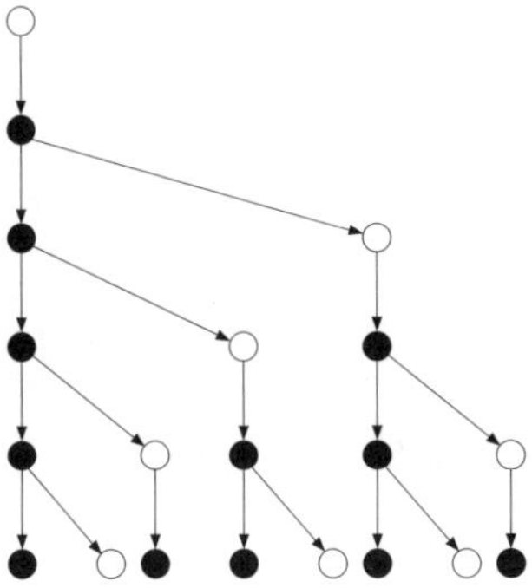

개월	토끼의 번식 과정	토끼 쌍
1		1
2		1
3		2
4		3
5		5
6		8
7		

(1) 7번째 달에 토끼는 모두 몇 쌍이 될까?

위의 표에서 번식 과정에 해당하는 가운데 칸에 그림을 그리고 답을 찾아보자.

(2) 토끼 쌍은 어떤 규칙으로 늘어나는지 설명해보자.

(3) 『산반서』에서와 같이 그해에 생산되는 토끼 쌍의 수를 모두 구해보자. (힌트: 12번째 달의 토끼 쌍의 수를 구하면 된다.)

2. 황금사각형을 이용해 로그 나선 그리기

가. 황금사각형의 뜻과 성질

황금사각형이란 가로, 세로의 비율이 황금비(약 1:1.618)를 이루는 사각형을 말한다. 황금사각형에는 정사각형을 잘라내었을 때 남은 직사각형이 다시 황금사각형이 되는 성질이 있으며, 이러한 과정은 무한히 반복될 수 있다. 그 과정을 역으로 이용하면 피보나치 수열을 이용한 황금사각형 그리기가 가능하다.

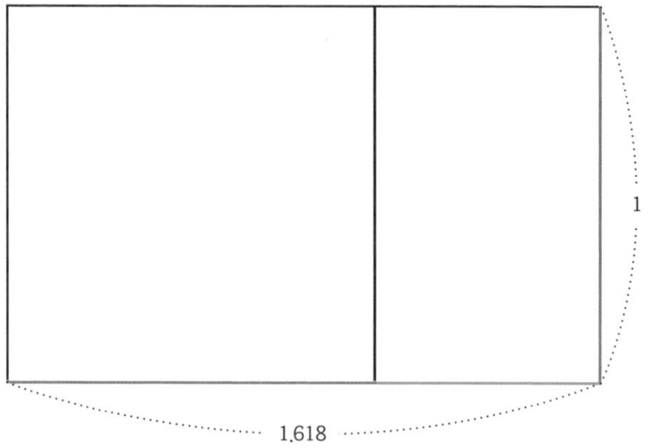

나. 피보나치 수열을 이용한 황금사각형 만들기

피보나치 수열을 차례로 써보면 1, 1, 2, 3, 5, 8, 13, 21, …과 같다. 이때 각 항의 숫자를 한 변의 길이로 하는 정사각형을 차례로 그리면서 시계방향 또는 반시계방향으로 계속해서 이어지게 붙여나가면 황금사각형에 가까워진다.

다. 황금사각형을 이용한 로그 나선 그리기

황금사각형을 이루는 각각의 정사각형 안에 다음과 같이 사분원을 그리면 로그 나선을 그려나갈 수 있다.

(1) 피보나치 수열의 규칙을 이용해 두 개의 정사각형을 추가로 그리고, 그 안에 사분원을 그려서 로그 나선이 어떻게 커지는지를 관찰해보자.

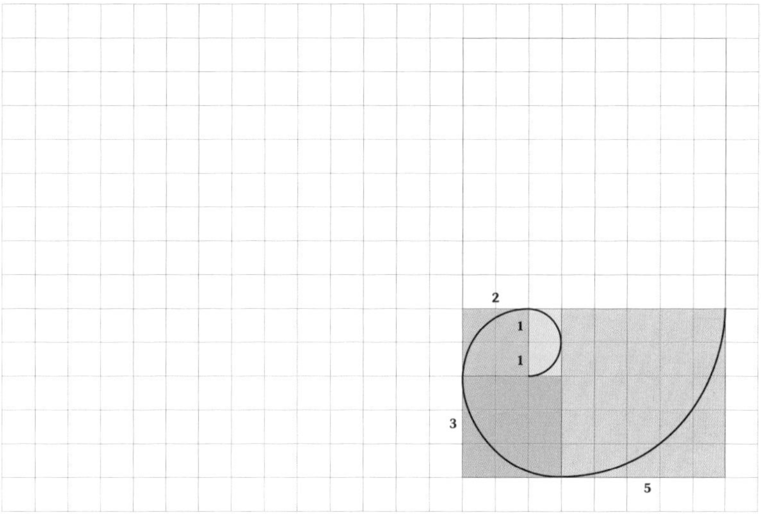

3. 수비라치의 마방진에서 33 찾기

마방진은 가로, 세로, 대각선의 합이 각각 같은 경우를 말한다. 따라서 보통의 경우 가로, 세로가 각각 4칸인 4×4 마방진은 가로, 세로, 대각선에 있는 4개의 숫자의 합이 같아진다. 그런데 수비라치가 만든 방진에서는 가로, 세로, 대각선이 아닌 경우에도 서로 다른 4개의 수를 더해 33을 만들 수가 있다. 앞서 마르코는 다음의 8가지 경우를 찾아내었다.

1	14	14	4
11	7	6	9
8	10	10	5
13	2	3	15

1	14	14	4
11	7	6	9
8	10	10	5
13	2	3	15

1	14	14	4
11	7	6	9
8	10	10	5
13	2	3	15

(1) 합이 33이 되는 서로 다른 4개의 수를 찾아 색칠해보자.
단, 힌트가 있는 다음 3개의 방진의 경우에는 나머지 수만 찾아 색칠하면 된다.

1	14	14	4
11	7	6	9
8	10	10	5
13	2	3	15

1	14	14	4
11	7	6	9
8	10	10	5
13	2	3	15

1	14	14	4
11	7	6	9
8	10	10	5
13	2	3	15

1	14	14	4
11	7	6	9
8	10	10	5
13	2	3	15

1	14	14	4
11	7	6	9
8	10	10	5
13	2	3	15

1	14	14	4
11	7	6	9
8	10	10	5
13	2	3	15

1	14	14	4
11	7	6	9
8	10	10	5
13	2	3	15

1	14	14	4
11	7	6	9
8	10	10	5
13	2	3	15

1	14	14	4
11	7	6	9
8	10	10	5
13	2	3	15

1	14	14	4
11	7	6	9
8	10	10	5
13	2	3	15

1	14	14	4
11	7	6	9
8	10	10	5
13	2	3	15

1	14	14	4
11	7	6	9
8	10	10	5
13	2	3	15

스스로 체크하기

1. 피보나치 수열

(1) 7번째 달에 토끼는 13쌍이 된다.

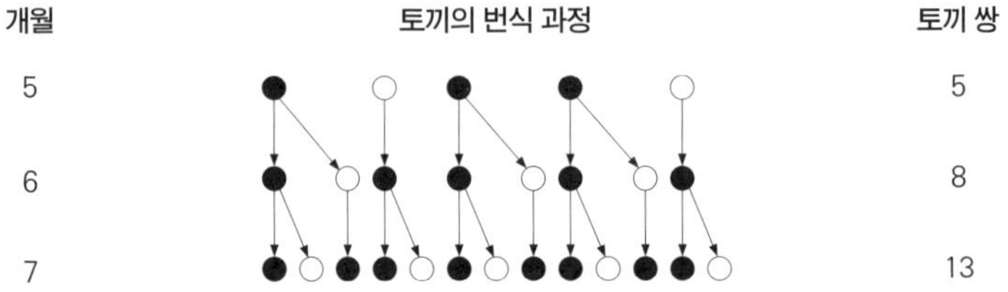

(2) 연속한 두 항의 합이 다음 항이 되는 규칙으로 늘어난다.

(3) (2)에서 알아낸 규칙에 따라 수를 써보면 다음과 같다.

개월	1	2	3	4	5	6	7	8	9	10	11	12
토끼 쌍	1	1	2	3	5	8	13	21	34	55	89	144

따라서 12번째 달에 토끼 쌍의 수는 144이다.

2. 황금사각형을 이용해 로그 나선 그리기

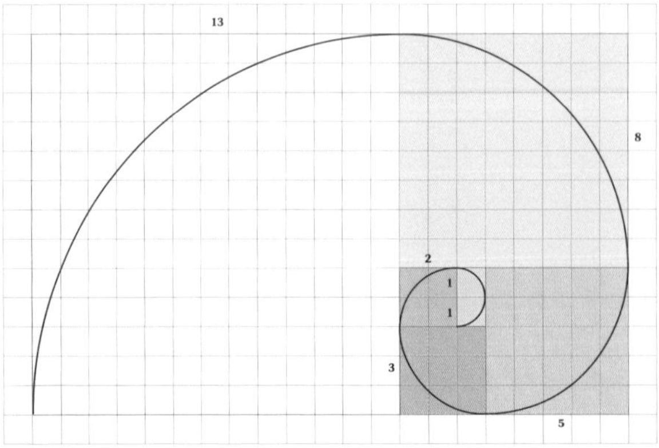

3. 수비라치의 마방진에서 33 찾기

1	**14**	14	4
11	7	**6**	9
8	10	**10**	5
13	2	**3**	15

1	**14**	14	4
11	7	6	9
8	10	10	**5**
13	2	**3**	15

1	14	14	4
11	7	**6**	**9**
8	10	10	5
13	2	**3**	**15**

(정답예시)

1	14	**14**	4
11	**7**	6	9
8	**10**	10	5
13	**2**	3	15

1	14	**14**	4
11	7	6	**9**
8	10	10	5
13	**2**	3	15

1	**14**	14	4
11	7	6	9
8	**10**	10	5
13	2	3	15

1	**14**	14	4
11	7	**6**	9
8	10	10	5
13	**2**	3	15

1	**14**	14	4
11	7	**6**	9
8	**10**	10	5
13	2	**3**	15

1	14	**14**	4
11	**7**	6	9
8	10	**10**	5
13	**2**	3	15

※ 합이 33이 되도록 하는 서로 다른 경우의 수는 무려 110가지나 있다고 합니다. 예시와 다른 답을 더 찾아보세요.

· 가우디가 걸어온 길 ·

1852	6월 25일 스페인의 레우스(Reus)에서 태어났다.
1864	레우스에서 중학교에 진학한다.
1868~1870	토다(Eduard Toda), 리베라(Josep Rivera)와 함께 포블레트 수도원(Poblet Monasterio) 복원 계획안을 만든다.
1869	건축 공부를 위해 고향을 떠나 바르셀로나로 간다.
1870	바르셀로나 시립 건축학교에 입학한다.
1875	보병으로 입대해 짧은 군복무를 한다.
1876	바르셀로나에서 의학을 공부하던 형이 죽고, 곧이어 어머니마저 세상을 떠난다.
1876~1878	건축학도로서 건축가 폰세레(Josep Fontseré), 비야르(Francisco de Villar), 마르토렐(Joan Martorell) 등의 사람들과 작업을 한다.
1878	건축학교 졸업 시험을 통과해 건축사 자격증을 취득한다. 레이알(Reial) 광장의 가로등 계획에 참여한다. 파리 만국박람회 전시를 위한 코메야 의류회사의 장갑 진열장, 구엘의 장인인 코미야스 후작을 위한 가구 등을 제작한다.
1878~1885	마타로 산업단지를 위한 설계를 담당하며, 그곳에서 실패로 끝난 첫사랑의 주인공 오거스티나 모레우를 만난다.
1879	누나가 어린 딸 로사 에헤아(Rosa Egea)를 남겨둔 채 사망한다. 매형의 가출로 고아가 된 조카를 데려와 키우기 시작한다.
1882	마르토렐 교수를 도와 바르셀로나 대성당의 입면도를 작성한다.
1883	마르토렐 교수의 추천으로 성가족 성당 공사의 총감독으로 임명되고, 구엘 가문의 공식 건축가로도 활동하기 시작한다.
1883~1888	최초의 건축 작품인 비센스 주택을 짓는다.
1883~1885	코미야스에 여름 별장인 엘 카프리초(El Capricho)를 짓는다.
1884~1887	구엘 별장을 수리하고 마구간과 수위실 등을 새로 짓는다.
1886~1889	구엘 궁전을 짓는다.

1887~1893	그라우 주교를 위해 아스토르가 주교관을 짓는다. (미완성)
1888~1890	매우 적은 경비로 성 테레사 수녀원 학교를 짓는다.
1891~1893	아스토르가 주교관과 멀지 않은 곳에 보티네스 주택(Casa Botines)을 짓는다.
1894	사순절 기간 동안 엄격한 금식을 하여 생명을 잃을 뻔하다.
1895~1901	구엘 와인 저장고(Bodegas Güell)를 짓는다.
1898~1900	칼베트 주택(Casa Calvet)을 짓는다.
1898~1916	콜로니아 구엘 성당을 짓는다. (미완성)
1900~1909	베예스구아르드 저택(Torre Bellesguard)을 짓는다.
1900~1914	고급 주택단지 계획이 무산되어 구엘 공원을 조성한다. (미완성)
1901	칼베트 주택으로 바르셀로나 도시건축상을 수상한다.
1903~1914	1851년 지진으로 피해를 입은 팔마 대성당(Palma Cathedral)의 개축 공사에 참여한다.
1904~1906	바트요 주택의 리모델링과 인테리어 작업을 한다.
1906	구엘 공원의 주택을 구입하여 그의 아버지와 조카인 로사 에헤아와 함께 거주하기 시작한다. 이사 후 얼마 지나지 않아 아버지가 93세의 나이로 사망한다.
1906~1910	밀라 주택을 짓는다.(미완성)
1909~1910	성가족 성당 부속학교를 짓는다.
1910	프랑스 파리에서 가우디 특별전이 열린다. 성가족 성당을 비롯한 다양한 건축물 모형과 사진들을 전시한다.
1910~1911	심각한 병에 걸려 푸체르다(Puigcerda) 지역으로 요양을 간다. 자신이 죽을 거라는 생각에 최초의 유언장을 작성하지만 동행했던 산탈로(Pere Santalo) 박사의 간병으로 회복한다.
1912	조카 로사 에헤아가 구엘 공원의 집에서 사망한다. 이로써 가우디에게는 남은 가족이 없게 된다.
1914	자신의 오른팔과 같았던 동료 건축가 베렝게르(Francesc Berenguer)가 사망한다.
1918	구엘 백작이 72세의 나이로 사망한다. 구엘을 위해 건축 중이던 모든 공사가 중단된다.
1925	구엘 공원에 있던 집을 나와 성가족 성당의 작업실에서 생활하기 시작

한다.

1926 6월 7일 저녁 산 펠립 네리(Sant Felip Neri) 성당으로 가던 중 전차에 치여 부상을 당한다.

6월 10일 산타 크레우(Santa Creu) 병원에서 세상을 떠난다.

교황과 정부의 특별허가로 유해가 성가족 성당의 지하 경당에 안치된다.

· 참고 자료 ·

도서

· 강필 지음, 『스페인 예술로 걷다』, 지식서재, 2019.
· 김용대 지음, 『신은 서두르지 않는다, 가우디』, 미진사, 2012.
· 김희곤 지음, 『스페인은 가우디다』, 오브제, 2014.
· 나카다 노리오 지음, 김현정 옮김, 『에펠탑에서 수학을 배우자』, 이지북, 2001.
· 박응순 목사 지음, 『단숨에 읽는 신약성경』, 엘맨, 2006.
· 신현용 지음, 『수학: 학제적 대화코드』, 매디자인, 2018.
· 안토니 가우디 지음, 이병기 옮김, 『가우디 노트 1: 장식』, 아키트윈스, 2014.
· 안토니 가우디 지음, 이종석 옮김, 『가우디, 공간의 환상』, 다빈치, 2001.
· 이광연 지음, 『미술관에 간 수학자』, 어바웃어북, 2018.
· 이윤기 지음, 『그리스 로마 신화 1』, 웅진지식하우스, 2000.
· 이윤기 지음, 『그리스 로마 신화 3』, 웅진지식하우스, 2002.
· 장훈 지음, 『4차원 정육면체 달리의 십자가』, 수학사랑, 2020.
· 전원경 지음, 『예술, 도시를 만나다』, 시공아트, 2019.
· 주셉 프란세스크 라폴스, 프란세스크 폴게라 지음, 이병기 옮김, 『가우디 1928』, 아키트윈스, 2015.
· 필립 볼 지음, 조민웅 옮김, 『자연의 패턴』, 사이언스북스, 2019.
· 필립 티에보 지음, 김주경 옮김, 『가우디, 예언자적 건축가』, 시공사, 2006.
· Maria Antonietta Crippa 지음, 『Gaudí』, TASCHEN, 2007.

저널

· 〈현대 최고의 건축물에 새겨진 가우디 코드〉,《수학동아》 통권36호, 2012. 5.
· AN EXPLORATORY STUDY OF THE GEOMETRICAL ELEMENTS IN GAUDI'S ARCHITECTURE (https://www.researchgate.net/publication/)
· Architecture & Geometry: Antoni Gaudi & La Sagrada Familia (https://static1.squarespace.com/)
· Antoni Gaudí: geometry, form and function, STEAMcat (https://www.semanticscholar.org/)
· ART & MATHEMATICS IN ANTONI GAUDÍ'S ARCHITECTURE: "LA SAGRADA FAMÍLIA", Journal of Applied Mathematics(Vol Ⅲ), 2010.
· Double twist columns (https://blog.sagradafamilia.org/)
· Mathematical Tourist-Gaudi (https://themathematicaltourist.wordpress.com/)
· Structural Design in the Work of Gaudí, Architectural Science Review Volume 49.4, pp 324-339
· The Geometry of Antoni Gaudi (https://mathstat.slu.edu/)
· Wikipedia 'Antoni Gaudí' (https://en.wikipedia.org/wiki/Antoni Gaudi)

동영상 자료

· ANTONIO GAUDI Documentary Film, The Unfinished Vision, 2015.
· EBS 다큐프라임 - 안토니 가우디 1부, 가우디, 미완의 천재, 2012.
· EBS 다큐프라임 - 안토니 가우디 2부, 공간, 생명을 얻다, 2012.
· EBS 다큐프라임 - 안토니 가우디 3부, 영원을 꿈꾸다, 사그라다 파밀리아, 2012.
· Fun with Arches, Engineering Models, YouTube, 2018.
· Identifying Arch-e-Types, Know Before You Go, YouTube, 2018.
· 바르싸 가선생 유튜브 채널 - 가우디 건축강의, 2020.

· 사진 출처 ·

Alamy 91, 99쪽.

Istock 29, 29, 31, 37(위), 40, 51(아래), 53, 56, 59, 61, 73, 122, 124, 154(위), 187, 192, 204, 231, 260쪽(아래).

Pixabay 19, 23, 26, 33, 35, 89(아래), 115, 117, 119, 125, 126, 129, 132, 135, 148, 150, 151, 154(아래), 157, 161, 164, 167, 169, 173, 195(왼쪽), 196, 221, 223, 230, 239, 241, 244, 245, 247, 252, 253, 254, 258, 260(위), 263, 268쪽.

Shutterstock 51(위), 65, 67쪽.

barcelonasecreta.com 89쪽(위).

blog.sagradafamilia.org 215, 216쪽.

Fun with Arches, G. Wayne Brodland (YouTube) 103, 201, 202쪽.

Wikimedia Commons 190, 199, 235쪽.

www.alhambradegranada.org 37쪽(아래).

www.portalgaudi.cat 57쪽.

수학사랑 219쪽(위).

이 책에 수록된 사진 대부분은 저작권자의 동의를 얻었습니다만, 저작권자를 찾지 못한 일부 사진에 대해서는 저작권자가 확인되는 대로 게재 허락을 받고 협의 절차를 밟겠습니다.

수학이 보이는
가우디 건축 여행

1판 1쇄 펴냄 2021년 12월 15일
1판 6쇄 펴냄 2024년 12월 17일

지은이 문태선

주간 김현숙 | **편집** 김주희, 이나연
디자인 이현정
마케팅 백국현(제작), 문윤기 | **관리** 오유나

펴낸곳 궁리출판 | **펴낸이** 이갑수

등록 1999년 3월 29일 제300-2004-162호
주소 10881 경기도 파주시 회동길 325-12
전화 031-955-9818 | **팩스** 031-955-9848
홈페이지 www.kungree.com
전자우편 kungree@kungree.com
페이스북 /kungreepress | **트위터** @kungreepress
인스타그램 /kungree_press

ISBN 978-89-5820-755-9 03410